金牌理财

手把手带你玩转家庭资产配置

刘星◎著

SPM 南方出版传媒·广东人民出版社
·广州·

图书在版编目（CIP）数据

金牌理财：手把手带你玩转家庭资产配置／刘星著．
—广州：广东人民出版社，2019.3
ISBN 978-7-218-13292-1

Ⅰ．①金…　Ⅱ．①刘…　Ⅲ．①家庭管理－财务管理－基本知识　Ⅳ．①TS976.15

中国版本图书馆CIP 数据核字（2018）第 292237 号

JINPAILICAI：SHOUBASHOU DAINI WANZHUAN JIATINGZICHAN PEIZHI

金牌理财：手把手带你玩转家庭资产配置

刘星　著

出 版 人：肖风华

责任编辑：汪　泉　钱飞遥
文字编辑：张　颖　刘　奎
特约策划：陈龙海
封面设计：刘红刚
内文设计：新兴文化
责任技编：周　杰　吴彦斌

出版发行：广东人民出版社
地　　址：广州市大沙头四马路 10 号（邮政编码：510102）
电　　话：（020）83798714（总编室）
传　　真：（020）83780199
网　　址：http://www.gdpph.com
印　　刷：三河市九洲财鑫印刷有限公司
开　　本：787mm×1092mm　1/16
印　　张：16　字　数：214 千
版　　次：2019 年 3 月第 1 版　2019 年 3 月第 1 次印刷
定　　价：48.00 元

如发现印装质量问题，影响阅读，请与出版社（020－83795749）联系调换。
售书热线：（020）83795240

随着我国经济的快速发展，居民财富的增长已是不争的事实。以此为基础，我国居民投资理财的意识也在逐渐觉醒，很多家庭不再保持传统的安稳守财的观念，而是积极地寻求更加高效合理的理财方式。

每一个家庭都要维系家庭成员的生存，要拥有基本的生活保障，想要老有所养、子女有所教，想要居住得更好，想要生活品质得到提高，同时也希望能有效地控制风险。要做到这些，理财是最主要的途径，它的重要性远大于单纯地工作挣钱。

正确的理财方式是叩开财富大门的钥匙。"你不理财，财不理你"早已成了老生常谈的一句俗语。然而，理财并不是简单的投资操作，它是一门学问，是需要智慧和精力去成就的。正如索罗斯所说："理财永远是一种思维方法，而不是简单的技巧。"

在理财的方式之中，资产配置又是其中的重中之重。资产配置简单来说，就是要将钱放在对的地方，通过不同的投资渠道做好资产比例的分配，以取得收益和风险的平衡。有研究显示，资产配置是决定一个家庭中长期投资成败的关键。"全球资产配置之父"加里·布林森就曾说过："投资决策最重要的是着眼于市场，确定好投资的类别。从长远来看，大约有 90% 的投资收益都来自成功的资产配置。"

可见，不能做好资产配置，就不能将家庭理财的效果最大化，也不能真正达到家庭理财的目标。

但客观来说，现今理财业务的创新和发展让家庭理财有了更多的选择，同时也对家庭的金融理财能力提出了更高的要求和挑战。而且，家庭理财也会受到很多变量的影响，例如：年龄、收支情况、风险偏好、需求和投资目标、国内外的经济形势、政策变化、经济周期变化等。然而，目前普通家庭基本上都无法完全具备上述条件。可理财经理就不一样了，他们的选择是建立在充足的专业知识基础之上的。优秀的理财经理一般都能提供让客户家庭满意的资产配置方案。

帮助客户做好资产配置是理财经理最主要的职责。在这个过程中，理财经理需要根据每个家庭的实际情况，充分而又详尽地分析他们的风险性格、理财目标，并在林林总总的投资理财产品中筛选出最适合他们的资产配置方案，而且还要定期对这一资产配置方案进行检视，从而做出必要的调整。

在资产配置的科学体系中，目的是收益，风险却常被人们所遗忘。因此资产配置的挑战，并非是借着低买高卖来提高投资的回报率，而是怎样慎重地接受适当的风险，得到长期的、可以满足客户预期的投资回报率。

理财经理早已经不是理财产品的售卖人员，而是一个顾问式的资产配置解决方案的提供者。他们在面对不同的家庭时，应都能客观地认识收益和风险，能够对症下药，游刃有余，这也是本书要带给理财经理的最基础的内容。

本书是作者在长期的理论研究和实践经验的基础上，结合中国经济的具体问题和最新情况以及广大投资者的现状来编写的。更为难得的是，本书把一些不易理解与掌握的资产配置专业知识，通过通俗易懂的语言、生动活泼的表述形式展现出来，降低了读者获取知识的难度，并且结合了丰富多样的案例，让读者能从自己的实际情况出发，更准确地了解资产配置的本质。

本书的出发点是让理财经理与客户之间拥有更好的沟通方式，不仅是"授人以鱼"，更是"授之以渔"，达到理财经理和客户双赢的目的。因此，本书可以说是一本理财经理快速掌握家庭资产配置方法的绝佳读本。

目录 | C O N T E N T S

上篇 理财知识知多少

中 篇　理财师必备技能

下 篇　理财师工作技巧

上 篇

理财知识知多少

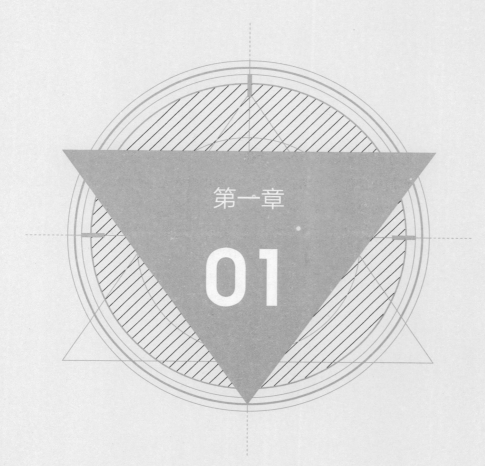

第一章

01

家庭理财的基本概念

有一句众所周知的话，叫做"你不理财，财不理你"。可是，对于家庭理财，我们又懂得多少呢？其实，家庭理财就是管理家庭的财富，进而提高财富效能的经济活动。它是一种对资本金和负债资产进行科学运作的方式。通俗来说，理财就是打理钱财，是让"钱生钱"的一种基本技能。

案例引入

甲、乙二人同时毕业于某名牌大学，又同时进入一家合资企业工作，月工资均为 12 000 元。可是，甲、乙二人对工资的处理方式却有着本质的不同。甲有理财的意识，慢慢培养了自己理财的习惯。乙却是有多少花多少，典型的"月光族"。

4 年以后，两人的月工资都达到了 24 000 元。这时，甲已经有了 20 万元存款，而乙仍然每个月口袋空空。

6 年以后，两人的月工资同时涨到了 30 000 元。这时，甲已经用自己的存款交了房子的首付，还买了车。可乙仍然没有一分钱的存款。

随着时间的流逝，两人的差距越来越大。20 年后，甲已经成了富翁，可乙还在为养老发愁。

理财观念的不同，最终导致了甲、乙二人人生境遇的不同。因为没有理财的意识，乙从一开始就输在了起跑线上。

1.1 家庭理财的定义

人生在世不可能离开钱而存活。孩子读书需要钱，自己养老需要钱，买房买车需要钱……那么，这些钱从哪里来？常言道：君子爱财，取之有道，视之有度，用之有节。这里的"财"，就是挣来的收入，这里的"用"，就是对家庭财产的管理，也就是家庭理财。

在谈家庭理财之前，我们先来看看一个家庭从组建到夫妻俩离世需要多少钱。

举一个简单的例子：通常我们在二线城市购买一套房子，加上装修，一般需要 200 万元左右。如果是在北上广深这样的城市购买一套房子，花费甚至超过 300 万元。

汽车也是家庭的必需品。现在购买一辆普通的汽车，大概需要 20 万元。从汽车的使用寿命来看，一辆汽车一般可用 10 年。再加上用车过程中的燃油费维修保养、税金和罚款等，那么 10 年之后，购车和养车的费用合计大概需要 50 万元。

如果再养育一个孩子，将孩子供养到大学毕业，差不多也需要 50 万元。这 50 万元还不包括送孩子出国深造的费用，甚至不包括他参加特长学习的支出，仅仅是将他养育到可以自食其力时的费用。

赡养老人也是必须的。现在，有很多家庭是一对夫妇赡养四位老人。假如每个月给每位老人 500 元生活费，持续 30 年，那赡养老人的总支出就将达到 72 万元。

如果把一个家庭的总开销设为 180 万元，按 30 年来计算，那这个家庭每月的支出就是 5 000 元。但是对于现在很多家庭来说，5 000 元其实只能维持一个家庭基本的开销，要想生活过得好一点儿，每月 5 000 元根本不够。

如果把一生的休闲费用设为 60 万元，仍以 30 年计算，每年是 2 万元。而现在我们每年的双休日和节假日，一共有 115 天，大约相当于一年的 1/3。而在这 100 多天的时间里，想用 2 万元作为休闲资金，也只能是一个比较保守的数字。

还有家庭成员退休后的费用。假设一个人退休后生活 20 年，夫妻俩每月省吃俭用花费 4 000 元，那这笔养老费用也需要 96 万元。

如此一来，将上述费用全部加起来，一个家庭从组建到夫妻俩离世至少需要 808 万元。

而这些钱是家庭成员仅仅依靠工资收入所不能满足的。假设 30 年来，夫妻俩每月平均收入为 1.8 万元，30 年之后总收入为 648 万元。这样算来，家庭总支出和总收入之间就有了近 200 万元的差距。

看了这些数据，很多人都会大吃一惊。原来，一个家庭要支付如此庞大的开支。但实际上，我们赚钱的巅峰时间一般不超过 20 年，因此这样算下来，收入和支出之间的差距将会更大。

如果想要拥有更好的生活，想要缩小一生中家庭收入和支出之间的差距，那就必须管理好自己的家庭财产。

每个家庭都有自己的财产。既然有财产，那就需要对这部分财产进行管理。管理得好，集腋成裘，细水长流，日子就会过得红红火火。管理得不好，就可能坐吃山空。因此，家庭财产的管理对每一个家庭来讲都有非常现实的意义。

所谓家庭理财，就是以家庭为单位进行的一种打理财富的活动。在这项活动中，家庭成员需要对自己的家庭财产和资产负债进行科学合理的配置，以达到规避风险、保证家庭生活顺利进行，进而使家庭资产有效增值的目的。简单来说，家庭理财就是处理好家庭财富的方法。它的实质是运用各种理财工具进行科学投资，以钱生钱，并学会合理地进行消费。

从广义上来说，家庭理财也是人生设计的重要一环。家庭理财的各个部分都是在为家庭的实际情况服务，包括整体的规划以及某些方面具体的规划都是如此。例如：子女教育资金筹措、老年生活费安排、住房资金筹措以及不动产运用设计、继承、赠与、事业继承、生活设计、金融资产运用设计、节税理财规划、保障设计等。

现在经济发展越来越快，家庭理财的渠道也越来越宽。家庭收入的增加让家庭理财变得更加注重风险承受力以及资产的安全性和稳定性，其管理难度也变得越来越大。因此，如何在资产配置中顺应新的理财形势，就成了家庭理财中一个急需解决的问题。

本节小结

本节主要介绍了家庭理财的概念，它是以家庭为单位的、打理家庭财产的一种行为，通俗点说就是科学地处理家庭财产的活动。

1.2 家庭理财的必要性

不管你承认与否，这个社会时时都在提醒着人们，自己的财富随时都可能流失。相信很多人还对刚刚过去的经济危机心有余悸，就是现在，我国 CPI（居民消费价格指数）也是屡创新高，再加上经济增长放缓及意外灾害等各种风险，因此，不管处于哪个阶层的人都有一种直观的感受——钱袋子里的钱似乎永远都不够用。

不管是谁，都要为钱袋子考虑。对于一个家庭而言，有了财富才会有较好的物质生活，才会有良好的教育、医疗、社交、养老保障。财富是生活的保障，而理财就是创造财富的重要手段之一。不理财，家庭财富随时都可能流失。

> 30 岁的高喆在某公司担任客户经理，年收入在 20 万元左右。他买了一辆大众帕萨特，每天开车上下班。平时他的花销也很高，基本不在家里吃饭，穿戴也要选名牌。他一直认为，像他这样的情况是不需要理财的，因为收入已经够他花销了。尽管他们公司在业余时间组织了关于理财知识的讲座，他也从来不认真听。就这样工作了几年，虽然享受了生活，可他口袋里的钱却没存下多少。
>
> 不久，高喆家里传来消息，他母亲生了重病，急需12万元的手术费。父母凑不出这么多钱，就打电话找高喆帮忙。这时，高喆才发现自己也没钱。但母亲的病也得治，高喆只好去找朋友借钱，经

过朋友的东拼西凑，总算把母亲的手术费凑齐了。

而那些借钱给高喆的朋友都很惊讶，按理说高喆收入不低，如果注意管理自己的钱财，不至于像现在这样。高喆也很惭愧，这时他才意识到，如果自己之前有点儿理财意识，也不会出现这样的问题。从这次事件以后，他长了记性，不再胡乱消费了，也慢慢开始学习理财知识，尝试打理自己的财富。

对于家庭而言，理财的必要性不言而喻。

理财首先要开源。所谓开源，就是不断增加自己的收入。家庭财产的保值增值是理财的根本目的，投资就是一个最典型的方式。

中国人历来有勤俭持家的美德，可是有的家庭只懂节约不懂投资，只想稳中求财，到最后却落得老本耗光、油尽灯枯的下场。

而投资则是让出一部分资产来换取另外一些资产的活动。一项合理的投资往往会带来不同程度的回报，例如物质财富的增多，就能让家庭"财源滚滚"。

李嘉诚曾说过："如果一个人从 21 岁开始，每年存 1.4 万元，并把每年所存下的钱都投资到股票和房地产，每年就能有平均 20% 的投资回报率。这样，40 年后他的财富会达到 1.281 亿元。"从这里可以看出，理财其实比挣钱更重要。

其次是节流。我国古代神话传说中，有一种神兽，名叫貔貅。它的特点是没有肛门，对于金银财宝"只进不出"，历来被看做是招财进宝的象征。我国许多象征财富的建筑都有它的雕像。家庭理财虽然做不到只进不出，却可以通过合理的资产配置方式给家庭减少不必要的支出，这就是"节流"。

有的家庭不知道理财，"今朝有酒今朝醉"，也有的人吝啬如"铁公鸡"，这都不属于家庭理财的范畴。真正的家庭理财，会让一个家庭把钱财都花在该花的地方，而不该花的绝不花。以最小的支出，获得最大的效用。

合理的家庭理财也是一个分散风险的有效途径。现代社会竞争与压力越来越大，很多人都处在高强度的工作之中。同时，不可预知的各种风险也越来越大，还有随时可能来临的失业以及无法避免的通货膨胀等。近些年来，各种物价的上涨已经是不争的事实。

所有这些都会对我们的财产造成不同程度的损失。如果不懂得理财，意外发生以后，这个家庭可能根本无法应对。仅仅是一种大病袭来，都可能使财富尽失，更遑论过上美好的生活了。而家庭理财，就可以有效地降低此类风险，例如某家庭成员买了健康保险，在发生疾病时，就可以将疾病产生的费用转嫁到保险上，从而减少自己的损失，失业也是一样。而应对通货膨胀的风险，最好的办法也是投资。如果一个家庭投资的收益超过了通货膨胀率，那这个家庭的资产就会得到保值甚至增值。

家庭理财往往能够促进家庭生活的健康发展。

应对提高生活水平的需要

每个家庭都希望自己的生活越来越好，从租房到购房，从依赖公共交通工具到自己驾车，这些都是家庭普遍而又实际的需要。而要提高生活水平，就必定需要稳定增值的财富作保障。

应对赡养父母的需要

俗语有言："不养儿不知父母恩。"父母的恩情是一辈子都报答不完的。赡养父母也是每个家庭应尽的义务。父母到了老年，收入下降，需要子女提供财务上的支持。如果父母生病或出现其他意外，也需要子女拿出钱来给予帮助。而通过理财的方式，让财富保值增值，就能很好地实现这一目的。

应对抚养子女的需要

抚养子女对一个家庭来说是一笔巨大的花销。而这些都是与家庭财富密切相关的。理财可以在生孩子之前就为抚养孩子做好准备，让孩子的抚养费不至于没有着落。而不会理财就可能无法应对抚养子女的各种需要。

应对养老的需要

对于家庭来讲，退休后的花费不是一笔小数目，这些钱都得从家庭的钱袋子里拿出来。而理财能在家庭的年龄层还处于年轻时就为自己的养老做好准备。如果没有钱财，在年老的时候依赖别人的救济生活，这样的老年生活是没有尊严的。

总之，一个家庭通过家庭理财让自己的经济状况逐渐得到改善，这必定会成为家庭提高生活质量和增加生活乐趣的保证。

虽然家庭理财不以发财为目的，但如果每一个家庭都能根据自己的实际情况，在理财经理的帮助下做出科学合理的规划，美满富裕的生活也就会成为水到渠成的事。

本节小结

本节主要介绍了家庭理财的必要性。家庭理财是为了实现更美好的生活。无论家庭财富的多寡，也无论是青年还是老年，理财对于一个家庭来讲有着非常重要的现实意义。

1.3 家庭理财的误区

家庭理财是一个科学配置资产的过程。它需要"量体裁衣"，即根据实际情况出发，具体情况具体分析；也需要讲究阶段性，不同的家庭阶段有着不同的理财方式；还需要长远规划，分配合理，做到细水长流、源远流长。

可是，在实际的家庭理财过程中，不少家庭却忽略了这些基本的原则，走入了家庭理财的误区，结果不仅财没理好，还赔了老本。

综合来看，家庭理财的误区有以下几方面。

过分"现实"

张先生在一家传媒公司工作，每月收入 8 000 元。张太太是全职妈妈，没有收入。最近，张先生接触了一些理财方面的专业人士，从他们的言谈中张先生觉得期货的利润率很高，如果做得好，短时间内就能改变家里窘迫的财务情况。于是，张先生自己花了一段时间研究期货，也没请教专业人士，觉得差不多时他就自己采取了行动，投了 5 万元进市。谁知市场却不像张先生想象的那样美好，为了回本，张先生又追加了 3 万元，结果这 3 万元同样也都陷了进去。

很多家庭是经不起风险的。因此，有不少家庭对于投资迫切地需要现实的回报。可实际上，理财产品的回报率越高，风险也就越高。结果这些家庭越赚不到钱就越急，而越急就越赚不到钱。

在理财中，投资家庭的自信并不代表现实。如果过分"现实"，投资的心态必然会有所偏差；而没有了良好的心态，投资的行为也会变形，最后只能以失败收场。

我国有近八成人认为"理财就是生财，让财富增值，赚钱是第一位的"。而实际上，理财不是一条简单的发财之路，也不仅仅是做出一项投资决策那么简单，它是一个与人生周期一样漫长的过程，片面地抱着赚钱的目的去理财，可以说是曲解了理财的主旨，而且还会落入急功近利的怪圈。这就好比不断将打来的水倒入一个没有杯底的水杯一样，即使你累得筋疲力尽，也得不到满意的结果。

家庭理财的核心目标是合理分配家庭的资产和收入，最终实现财务自由。家庭理财既要考虑财富的积累，又要考虑财富的保障；既要为获利而投资，又要对风险进行管理和控制；既包括投资理财，又包括生活理财。因此，只有全面、综合地审视整个理财活动，进行统筹规划，全盘考虑，才会让一个家庭通过理财活动得到应有的收益。

过于"盲目"

> 刘先生准备拿出 10 万元闲置资金来理财。刘先生的朋友吴先生听到后，竭力向他鼓吹 ××× 股票的走势非常不错，最近一周内已经涨了近三成，他从中赚到了 2 万多元。听了吴先生的介绍，刘先生心动不已，想也没想就将 10 万元都用来买了这只股票。可谁知他刚买入，这只股票所属公司被曝出虚假宣传的问题，股价大跌。一周以后，刘先生的 10 万元本金只剩下了 6 万元。

就像追星、就业等很多事情一样，盲目从众是家庭理财中常有的情况。有的家庭只是听到别人的介绍，在没有全面分析的情况下，就采取了行动，形成一种"羊群效应"。而他们在行动过后，一旦投资环境发生变化，就会让自己猝不及防。

古代兵法有言："知己知彼，百战不殆。"理财也是一样。家庭理财必须要有几个阶段：首先是广泛地收集信息，对能控制的因素进行自我检测。在此基础上再进行缜密的思考，要确保理财方案有一定的可行性，要清楚操作的程序。只有这样，才能达到增加收益的目的。而盲目跟风，不加分析地投入资金，成功率当然就会很低。

过于随意

> 童先生在一家科技公司上班，月薪2万元。不错的薪资使他想在理财领域里做出一番尝试，每个月他都会拿出5 000元作为投资基金。然而，童先生并没有理财的基本知识，通常都是凭感觉来挑选理财产品。今天看见股票行情不错，就投一部分钱在股票里，明天觉得黄金的收益不错，又急匆匆地去买黄金。每一种理财产品他都在尝试，结果却很少有赚到钱的时候，大多数投资的钱都打了水漂。可童先生不明所以，仍旧我行我素。

家庭理财其实是一件非常严谨的事情。可是有的家庭往往随意看待，一会儿炒股票，一会儿炒基金，一会儿又做收藏。严重一点说，这简直就是在浪费资金。要知道，投资是一门高深的学问，就算穷尽毕生的精力也不可能完全做到稳操胜券，更何况还如此随意呢。"条条蛇都咬人"，过分随意地投资必然会导致投资的失败。

只相信储蓄

> 陈女士的父亲几年前离世。离世之前，陈女士的父亲交给她一张银行存单，存单金额是 1 200 元，存入日期是 1973 年。在当时，1 200 元称得上是一笔"巨款"，一户普通人家甚至可以盖起两层楼房。
>
> 2017 年，陈女士将这笔钱取了出来，支取后的存单本息合计 2 684.04 元，其中利息所得 1 484.04 元。而到现在这些钱只相当于一名普通工人一月的基本工资，更遑论盖起两层楼房了。

在过去，理财等于存钱，人们也习惯于将手头的钱存进银行。但在现代社会，储蓄只是积累资本的第一步，因为通货膨胀侵蚀获利的速度远比储蓄存款利率上涨的速度要快得多。如果我们仍然只相信储蓄，而将股票、基金等投资方式看成是洪水猛兽，我们的钱只会越来越少。从长远来看，储蓄不仅不能保本增值，反而会贬值。

钱本身并不能带来安全感，智力才是资本。现在的家庭理财，只要采取合理的方式，家庭财产就能得到保本增值的效果。人最重要的是智慧，只要能够找到资产配置的正确途径，你理财的收益就会远比你将闲置资金全部存进银行要高得多。

等有钱了再说

> 小林在一家私企上班，每月工资 5 000 元。妻子小唐是一家公司的职员，每月收入 3 000 元。夫妻俩前不久购买了一套房产，光是首付就花光了他们所有的积蓄。现在，每月两口子光是还房贷就要 3 000 元，再加上日常的开支，小两口几乎成了"月光族"，甚至寅吃卯粮。说起理财时，小林想到自己不高的工资和家里不小的花销，

总是感叹："理财都是富人的事，像我这样没钱的就不用操这份心了，难不成穷光蛋还能理成百万富翁？"

日常生活中总有很多工薪阶层或是中低收入者，存有像小林这样"有钱才有资格谈投资理财"的观念。他们总认为，每月工作的收入都是固定的，又不多，除了花销就所剩无几了，哪还有钱去理财呢。其实，1 000万元有1 000万元的理财方法，1 000元也有1 000元的理财方法，理财绝不是有钱人的专利。

举例说明，就算一个家庭每月只拿出500元来做投资的话，假如每年的投资回报率是10%，那么30年后这个家庭也会成为百万富翁。

普通家庭也需要理财，也需要开源节流。现在的理财产品大部分都是适合普通工薪阶层的。如果每个家庭都想"等有钱了再说"，那只会误了你的"钱程"。因此，要圆一个美满的人生梦，就需要及早做出理财的规划，及早受益。

鄙视专业理财机构和人士

有一次，方先生去银行办理业务，正好遇上理财经理小王，两人聊得很投缘，但小王提出要为方先生做理财规划时，方先生却拒绝了。他想："小王肯定是为了获利或者是销售业绩才来找我推荐产品的，我才不上这个当。"

生活中，像方先生这样的人有很多。他们对理财经理这个职业并不了解，总是认为他们是为了自己的销售业绩，而不会顾忌客户的盈亏。实际上，这是他们对理财经理的误解。理财经理的工作职责就是最大限度地实现客户的理财目标，避免客户的财富在投资理财过程中受到侵害。

对于家庭理财来讲，寻求理财经理的帮助也是一个必需过程。常言道"术业有专攻"，如果家庭能够通过理财经理在投资理财中得到指导，也会少走弯路。毕竟，现在的经济环境已经发生了变化，理财再不是以前那种传统的方式，它是需要用专业知识去了解、认识和选择的，而且资本市场变幻莫测，社会上也充斥着大量虚假欺诈的信息，家庭自身可能无法辨别。同时，家庭成员也缺乏足够的精力和时间来进行理财操作，如果家庭能将理财资金委托给那些经验丰富的理财经理，在时间、精力和财富增值等方面都可兼顾。

本节小结

家庭理财是一个科学运作的过程，但是有很多家庭却不知道家庭理财的真谛，走入了盲目、随意、过于现实等误区，结果让理财变得与实际预想背道而驰，这是家庭理财中需要防范和避免的。

第二章

02

理财产品及机构全接触

市场上有着林林总总的投资理财产品，不同的产品有着不同的特色和功能。资产配置并不是某一个投资理财产品的单向操作，而是多种投资理财产品的组合运行，这就需要理财经理能对当下的理财产品和金融理财机构有一个清晰的认识，并在资产配置的过程中为客户资产的保值增值带来最大化的功效。

案例引入

　　小龙毕业两年了。在别人眼中，他是个工作非常努力且能力也很强的年轻人，因此不少同学都认为他工作两年下来应该有了不少积蓄。

　　有一次同学聚会上，有个同学无意间提起自己正在理财，每个月都会将工资留出一部分用于购买理财产品，并且得到了一定的收益。小龙很好奇，就向这位同学询问理财的方法。可是在了解到理财产品、理财机构的各种知识以后他又嫌麻烦，打退堂鼓说："算了，我看我还是把工资放在余额宝吧，我不想冒险买那些风险高的产品。"

2.1 为家庭保驾护航的保险

保险，是指保险人向投保人收取保险费，并集中作为保险基金，在投保人遭遇自然灾害或意外事故时，给予投保人经济损失赔付的一种业务。在国外，几乎每个家庭都买有至少一份商业保险，但我国的大部分家庭对保险的认知却远低于银行理财和证券。

其实，对家庭来讲，理财的首要任务是保护好自己的家庭和财产，以应对无法预料的各种突发状况。保险兼有保障、理财、避税的功能，帮助家庭选份安心险，能在一定程度上让家庭过上更美满的生活。因此，保险是每个家庭都应该考虑的投资对象。

在我国，保险大体上可分为社会保险、政策保险和商业保险三大类。

社会保险

社会保险，是指由国家通过立法手段，对社会单位和公民个人征收的保险费，作为社会保险基金，用以应对公民因年老、疾病、生育、伤残、死亡和失业造成的部分损失，它是国家给予公民的基本生活予以保障的一种社会保险制度。

社会保险通常包括养老保险、医疗保险、失业保险、工伤保险、生育保险等，即我们常说的"五险"。社会保险通常由公民供职的单位统一缴纳，由单位和个人各承担一部分保险费用。

社会保险有强制性和基本生活保障两大特征。强制性是指不管公民是否愿意都需要参加，公民没有选择的权利；基本生活保障是指公民在遭遇相应的情况时给予公民基本的生活保障，但这个保障是低水平的。

政策保险

政策保险是体现国家政策而推出的不以营利为目的的保险，如国家产业政策、国际贸易政策相关的农业保险等，它由国家投资设立的公司经营，或是由国家委托商业保险代办。此类保险多针对公司层面，例如企业经营发生了亏损，国家财政即会为其提供赔偿。政策性保险的保险费一般较低，但风险损失程度较高。

商业保险

人们一般所说的保险就是指商业保险，它也是家庭投资的重点对象。所谓商业保险，是由保险公司或银行经营，保险人自愿与保险公司或银行签订保险合同，保险人按照合同约定向保险公司或银行支付保险费，保险公司或银行在保险人发生意外情况时根据合同约定对保险人予以赔付的保险制度。

有人也许会认为，在公司购买了社会保险就不需要再购买商业保险了。这是不正确的。相比社会保险，商业保险则向人们提供了更加多样化的保障。以医疗为例，社会保险中的医疗保险，一般门诊都规定了起付线和封顶线，费用的报销也受定点医院的限制，用药也受限制，因此有很大一部分医疗费用是社会医疗保险无法覆盖的，范围之外的还需要自掏腰包。而在商业保险中，如果投保人购买了重大疾病保险，并且附加了相当数额的住院医疗补偿、住院津贴、意外伤亡医疗保险，那么，在社会保险的医疗保险起付线以下、封顶线以上的医疗费用都可以由商业保险来支付，投入多少就按合同约定赔付多少。如果不幸身故，还能得到身故保险金。这些都是社会保险所不具备的。

香港富豪李嘉诚曾经说过："别人都说我很富有，拥有很多的财富。其实，真正属于我个人的财富，是给自己和亲人购买的充足的人寿保险。"由此亦可见商业保险对一个家庭的重要性。在经济快速发展的今天，兼有保障和理财功能的商业保险也开始受到越来越多家庭的重视，国家也十分重视商业保险的作用。从2006年国务院关于保险业改革发展的"国十条"到2014年发布的《国务院关于加快发展现代保险服务业的若干意见》（即"新国十条"），都强调了商业保险和社会保险是我国保险的两大支柱，表明了国家对保险业的重视。

商业保险的种类很多，包括人身保险、财产保险、责任保险、信用保险、再保险等。根据保险标的的不同，也可将商业保险分为人身保险、财产保险两个大类。

人身保险

人身保险的标的是人的生命和身体。人身保险按保险责任划分，可分为人寿保险、人身意外伤害保险、健康保险。从家庭理财角度划分，则可分为保障型产品、储蓄型产品、投资型产品等。

当家庭成员遭遇事故或因疾病、年老丧失工作能力，伤残、死亡或年老退休后，如果购买了人身保险，保险公司就会根据合同规定，给被保险人支付保险金或年金，以解决相关被保险人的经济问题。

可见，投保人身保险后，即使被保险人遭受了风险也能将风险分散出去，在得病或受伤时能保证有钱治病或疗伤；即使不幸致残或身故，家人也能得到一笔继续生活的资金。

人身保险是保险中不可或缺的部分。如果将家庭理财看成是金字塔，人身保险就是塔基的部分。不管做什么类型的理财，人都是基础，没有"人"，一切理财都无从谈起。因此，最合理的家庭财务规划应该建立在人身保险的基础之上，用小钱换大钱，以应对超出自身承受能力的风险。

财产保险

财产保险的标的是物或其他财产利益，可指除人身保险之外的一切险种，如财产损失保险、责任保险、信用保险、保证保险、农业保险、驾驶员第三者责任险等。

购买财产保险时，投保人可以根据合同的约定，向保险公司缴纳保险费。当投保人因自然灾害或意外事故遭受财产及相关利益的损失时，保险公司则按合同约定给予赔付。其补偿原则为"有损失，有补偿""损失多少，补偿多少"。

例如，家庭购买了家庭财产保险，如果发生保险责任范围内的自然灾害或意外事故损失，保险公司就会给予合同约定的经济补偿。能够参与家庭财产保险的标的很多，凡是被保险人自有的，或与他人共有的，或代他人保管的家庭财产都可以向保险公司投保，如房屋及附属设备、家用电器、交通工具、服装等。但金银首饰、货币和有价证券等具有货币属性的财产，不在家庭财产保险的范围之内。

与社会保险相比，商业保险有如下特点：

自愿性

家庭是否向保险公司投保、选择什么险种、选择多长期限，都由投保人自行决定。保险人与投保人、被保险人和受益人之间权利义务的关系都由签订的保险合同来体现。而社会保险具有一定程度的强制性，符合法定条件的人员都是社会保险的保障对象。

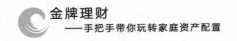

营利性

商业保险是一种商业行为，厘定保险费率、运用保险资金，其目的都是盈利，因此商业保险具有营利性。而社会保险则是以保障被保险人基本生活为目的，为非营利性。

专业性

商业保险属于财政金融体制，以国家有关部门审查和批准的专门经营保险业的法人为主体，独立核算，自主经营，自我发展，其过程中有专业的保险人管理和经营。而社会保险则属于国家行政管理体制，主体是主管社会保险制度的各级政府职能部门及所属的社会保险事业机构。

风险性

商业保险也是有风险的，一旦保险人出现经营风险，即使有保障基金，消费者也可能遭受损失；虽然这种情况的概率很低，但也不能说没有。因此，投保人对银行、保险公司的选择尤为重要。

如果一个家庭用合理的收入购买了商业保险，便能将巨大的风险转嫁给保险公司，让自己家庭的经济损失得到较大程度的弥补，以小钱换大钱，做到未雨绸缪，这也是现代社会家庭较为明智的一种理财选择。

本节小结

本节主要介绍了保险的三大类型：社会保险、政策保险和商业保险。其中详细介绍了商业保险中的人身保险和财产保险以及商业保险相对于社会保险的自愿性、营利性、专业性和风险性。

2.2 让资金稳健增值的储蓄与债券

储蓄和债券是最常见的家庭理财方式，几乎每个家庭都有储蓄和购买债券的经历。

储蓄

储蓄，即指存入银行的存款。常言说："手中有粮，心中不慌。"储蓄可以看成是家庭中可以挪用的一定的资金，足够的储蓄可以应付一些急需用钱的情况。从家庭理财的角度来看，储蓄也是十分必要的一种形式。如果一个家庭平时大手大脚，没有多少"存粮"，一旦遇到投资机会或者遭遇一些事情急需用钱时就会捉襟见肘，束手无策。而如果有一定数额的存款，就可以在紧急时刻抵挡一阵，有时小钱也是会起到大作用的。

对于储蓄的意义，理财大师本杰明·格雷厄姆曾讲过这样一个生动的神话故事。

在很久以前的某个村庄里，住着一个贫穷的农夫。上帝见农夫可怜，用神力赐予了他家那只鹅产下金蛋的能力。

次日，农夫在鹅窝里发现了一颗金蛋。看到金蛋的农夫异常兴奋，用这枚金蛋在市场上换来了一大笔钱，这笔钱够他生活很多年。

出乎农夫意料的是，家里的鹅竟然每天都会产下一枚金蛋，他也每天都能换到一大笔钱。农夫从此摆脱了贫穷，每日挥金如土，没有一点储蓄的概念。

但是，农夫的贪婪之心也随之爆发。他害怕有一天这只鹅死了，他将无法再收获金蛋。而如果他掌握了鹅下金蛋的本领，那他就再也不用发愁了。这个念头终于驱使他有一天捉住了这只下金蛋鹅，用刀子剖开了鹅的肚子，想找出原因。结果，他只看到了一个半成形的金蛋。鹅死了，金蛋没有了。农夫又回到了一贫如洗的境地。

这虽然只是一个神话故事，却生动地反映了现实中一些人的想法。从某种意义上来说，"鹅"就是家庭的资本，"金蛋"就是利息。愚蠢者花光资本，"鹅"去财空；聪明者讲究储蓄，用以养"鹅"，让财富持续。因此，在家庭理财的概念中，储蓄也是首先要学会的一个重要环节。

储蓄的种类很多，包括活期储蓄、整存整取定期储蓄、零存整取储蓄、存本取息储蓄、定活两便储蓄、通知存款、教育储蓄等。

活期储蓄

活期储蓄，是指不确定存期，储户可随时存取金额不受限制的存款的一种方式。由银行给储户发放储蓄卡，用户开户后即可随时存取。活期储蓄起存金额为1元，存款利率按人民银行规定的挂牌利率来结算，每年6月30日统一结息一次，利息并入本金，一起生息。

整存整取定期储蓄

整存整取定期储蓄是一种约定存期，整笔存储，到期后储户一并支取本息的储蓄方式，即我们通常所说的"定期存款"。整存整取分为人民币整存整取和外币整存整取两种。人民币整存整取的存期有三个月、半年、一年、二年、三年和五年之分；外币整存整取则根据存款对象的不同分为乙、丙两种外币定期储蓄存款，乙种起存金额为不低于 500 元人民币的等值外币，丙种起存金额为不低于 50 元人民币的等值外币。就定期存款而言，一般存期越长，利率会越高，比较适合有长期闲置资金的家庭。其利息计算公式为：

$$利息 = 本金 \times 利息率 \times 存期$$

零存整取储蓄

所谓零存整取是指每月固定存入同等金额的存款，起存金额不低于 5 元。存期有一年、三年、五年之分，每年都需缴存，如某月漏存，则须在次月补齐相应金额；如未补存，到期支取时则根据实际存期以及实际存储金额来计算利息。其利息计算公式为：

$$利息 = 月存金额 \times 累计月积数 \times 月利率$$

其中

$$累计月积数 = （存入次数 +1）+2 \times 存入次数$$

由此可知一年期的累计月积数为 78，三年期的累积月积数为 666，五年期的累积月积数为 1 830。零存整取的方式是化零为整，逐月存储，适合于每月有固定收入的家庭。

整存零取储蓄

整存零取储蓄和零存整取储蓄恰好相反，是指储户将本金一次性存入，而支取时则分批次支取。存期有一年、三年、五年之分，起存金额不低于 1 000 元。其利息按存款开户日挂牌整存零取利率计算，期满时支取。到期未支取部分或提前支取按支取日挂牌的活期利率计算利息。提前支取时，只能办理全部提取，不能部分提取。它比较适合于有大笔积蓄并需要

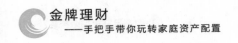

分批次使用的家庭。

存本取息储蓄

存本取息是定期存款的延伸，是指存期约定，储户整笔存入资金，可以分批次取出利息，到期后则一次性支取本金。起存金额一般不低于5 000元，存期有一年、三年、五年之分。如果在取息日，储户没有取息，以后则可随时取息。如果需要提前支取本金，则按定期存款提前支取的规定来计算，并会扣掉多支付的利息。存本取息储蓄适宜于那些一下子有整笔较大资金收入但短期内又不会使用资金的家庭。其每次支取的利息计算公式为：

$$利息 = （本金 × 存期 × 利率）÷ 支取利息次数$$

定活两便储蓄

定活两便储蓄是指存期不定，储户一次性存入资金，可随时支取，但是支取时要一次提清，起存金额不低于50元。定活两便储蓄兼有定期和活期的功能，利率随存期的长短而变化。一般存期在三个月以内的，按活期存款的结息方式结算，存期在三个月以上的，按同档次定期存款利率的六折计算，公式为：

$$利息 = 本金 × 存期 × 利率 × 60\%$$

通知存款

通知存款是指存款时不约定存款期限，支取前一天或七天事先通知银行，到期时即可支取。可分一次和多次支取，起存金额不低于1 000元，其利息按支取日挂牌同期限的利率档次的六折计算，公式为：

$$应付利息 = 本金 × 存期 × 相应利率$$

这种储蓄方式比较适合于家庭中有从事商业或服务业等资金周转比较快、流动量大的个人。

教育储蓄

教育储蓄是指家庭为其子女接受非义务教育（九年义务教育之外的学业）存入一定数额的资金，专项用于教育目的的储蓄形式。教育储蓄由储户每月固定存储，到期后一次性支取本息，起存金额不低于 50 元，本金合计最高限额 2 万元，存期有一年、三年、六年之分。一年期、三年期教育储蓄按开户日同档次定期利率计算，六年期教育储蓄按开户日五年期定期利率计算，教育储蓄的利息收入可凭有关证明享受免税的待遇。

如果客户家庭中有子女正在接受小学四年级或以上的义务教育，而这个家庭又需要为子女未来的本科、硕博或出国留学作打算，都可以考虑进行教育储蓄。

对于客户家庭来讲，一般可选择三年以下的存期，因为从利率上来看，一般三年期存期的利率比一年期高得多，而相对于五年期来说却差别不大。如果选择三年以下的存期，便可让客户家庭在需要用钱的时候尽快将这部分储蓄转投向收益更高的理财品种，同时也能在支取时不遭受过多的利息损失。另外，自动续存也是一种不错的方式，根据银行的规定，储户自动续存的存款以转存日利率计算，如果续存后遇到降息，利率还是会按调整前的利率计算的。

在储蓄之外，银行也开发出了很多银行理财产品。这是由银行根据客户的投资需要开发出来的理财产品，风险高过储蓄，但也属于稳健型的投资理财产品。这类理财产品的投资标的主要是银行间市场的产品，如国债、中国人民银行的票据等，因此风险系数较小。

如果投资者想要百分之百地保本，还可以选择保本型的理财产品。这种理财产品银行承诺保住本金，但其收益也会相应低一些。

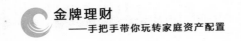

债券

债券是一种有价证券，指国家、地方政府、金融机构或者工商企业为筹措资金向投资者发行的，并承诺按一定利率支付利息，且在到期日归还本金的债权债务凭证。

债券是一种虚拟资本，本质是代表债务关系的证明书，受法律约束。家庭持有某个债券，就表明其是这份钱款的债权人，拥有在规定时间内收回钱款并结算利息的权利。债券发行人则是这份债券的债务人，其在一定时间内对这部分钱款有使用权，但在到期后需要向债权人归还本金并支付相应的利息。

债券可以转让，从某种程度上来说，它是一种可以转让的借据，几乎所有证券营业部或银行部门都有债券买卖业务。同时，它受法律保护，债务人必须如期向债权人支付利息或归还本金。不过，有些债券也有可能遭受债务人不能充分按时支付债权人利息和本金的风险，这主要由债务人的资信程度来定。相对而言，由国家、地方政府发行的债券安全性最高，而由金融公司和企业发行的债券则安全性稍低。

债券的风险大于银行储蓄，因此它的利率也比储蓄的利率要高。如果债务人到期能按时偿付，债券的收益就要比储蓄好。

债券的分类有很多，如按发行主体来分，可以分为公债券、金融债券、公司债券几种，公债券又可分为国债和地方政府债券；如按偿还期限划分，又可分为短期债券、中期债券、长期债券，甚至是永久性债券等。

国家债券

债券的偿还可分为期满偿还、期中偿还、延期偿还三类。**期满偿还**是指按发行规定的时间，债务人一次全部偿还债券本金，目前的国库券、企业债券大多属于此类。期中偿还是指在债券时间截止前部分或全部偿还本金，一般每半年或一年偿还一部分，债务人采用期中偿还的策略是避免因期满一次性偿还带来的经济压力；如有债券在发行时设置了延期偿还条款，债务人即可延期偿还，利率仍按原定利率计算。

本节小结

本节主要内容是储蓄和债券。其中储蓄包括活期储蓄、整存整取定期储蓄、零存整取储蓄、存本取息储蓄、定活两便储蓄、通知存款、教育储蓄等。而债券是一种有价证券，根据发行主体和偿还期限的不同，有不同的分类。

2.3 收益与风险并存的股票与基金

在现有的理财产品中，股票与基金算得上是风险率较高、收益率也较高的两个门类。可能很多人对于前几年股市的大起大落仍记忆犹新。2015年上半年，我国股市行情大好，不少人获利颇丰；而到了2015年下半年股市却急转直下，不少投资者血本无归。这从侧面证明了股票与基金就是一个高收益与高风险并存的理财项目，投身其中的家庭必须审慎而行。

股票

股票是股份证书的简称，是指股份公司为筹集资金，向出资人出具的一种股份凭证。出资人持有某公司的股票即可看做是该公司的股东，享有收取股息、获取红利的权利。如果出资人持有的某公司的股票达到一定比例，还享有参加股东大会、投票表决、参与公司的重大决策的权利。每一股股票都代表着股东对公司拥有一个基本单位的所有权，随着这种所有权比重的增加，股东的权利也就越多，获得的股息和红利也会越高。

股票是股份公司的资本构成部分，可以转让，可以买卖，也可以作价抵押，它是资本市场长期的信用工具。

在我国，最常见的股票类型有 A 股、B 股、H 股等。A 股是指人民币普通股票，由我国境内的公司发行，我国境内机构、组织、个人均可认购或交易；B 股是指人民币特种股票，以人民币标明面值，以外币认购和买卖；H股则指注册地在内地、上市地在香港的外资股，以港元计价。此外，还有中国企业在美国、新加坡、日本等地上市的股票，则又以其他字母进行区分，如N股、S股等。

关于股票的分类，我们经常接触的还有以下几种：

1.红筹股、蓝筹股

国际上经常称中国为"红色中国"，我们的国旗又是五星红旗，因此将在香港上市的中国内地企业发行的股票称为"红筹股"。而美国人在打牌下赌注时，通常以蓝筹为最高，于是股市上又将最有实力、最活跃的股票称为"蓝筹股"，蓝筹股相当于绩优股的代名词。

2.成长股、热门股、绩优股、周期股、再生股

成长股是指发行股票的公司在发行时规模不大，但是业绩良好，利润丰厚，产品在市场上也有一定的竞争力，这类股票一般都有着较好的收益率；热门股是指交易量大、交易周转率高、股价涨跌幅度也较大的股票，这类股票形成的背后往往有特定的经济原因和社会原因；绩优股是指公司业绩优良，但是股价增长较慢的股票，这类公司有实力抵抗外界经济衰退的影响，但在股市中暂时还不能带给投资者丰厚的利润；周期股指经营业绩随着经济周期的涨缩而变动的公司的股票；再生股则是指经营发生困难甚至破产，经过整顿后重新获得投资者认可的企业股票。

3.一线股、二线股、三线股

一线股、二线股、三线股是根据股价来划分的。一线股股价较高，这类股票有较好的市场声誉，投资者也比较熟悉，大体上可以等同于绩优股和蓝筹股；二线股价格中等，在市场上的数量最多，这类公司的业绩也和它的股价一样，处于中游位置；三线股价格较低，此类公司业绩大多不是很好，有的甚至已经到了亏损的地步。

4.配股、转配股

配股是指发行股票的公司根据自己的需要和规定，向原股东进一步发行新股，筹集资金的行为。按照惯例，公司配股时新股的认购权按照原有

股权比例在原股东之间分配，即原股东拥有优先认购权。转配股是我国股票市场特有的产物。国家股、法人股的持有者放弃配股权，将配股权有偿转让给其他法人或社会公众，这些法人或社会公众行使相应的配股权时所认购的新股就是转配股。转配股一般不上市流通。

作为一种投资工具，股票也有一些与众不同的地方。

首先是股票的无期性。股票是没有偿还期限的，投资者在认购了股票以后，就不能退股，只能去交易市场对股票进行买卖。一般来讲，只要公司还存在，其股票就会一直存在，它与公司的存续时间是相等的。

其次是股票的收益性。投资者购买了公司的股票，就有权领取股息和红利，获取投资收益。股息和红利的多少由公司的盈利情况和盈利分配方式来决定。此外，股票投资者也可在股票市场上通过对股票的买卖来实现收益，例如低价买入，高价卖出，以获得其中的价差。

再次是股票的流通性。股票能在不同投资者之间进行交易。

最后是不可逃避的风险性。股票也可以看做是一类特殊的商品，有自己的市场价格和市场规律。因此，股价会受到诸多因素的影响，波动性很大，而股价的波动势必会给投资者带来不同程度的收益或损失。

其实，股票本身是没有价格的，但它能像商品一样进行交易，因此就有了交易价格，即在证券市场上买卖的价格。这种价格表现为最高价格、最低价格、开盘价、收盘价等。在这些股票市价的表现形式中，收盘价最重要，它是分析股市行情时的基本依据。

基金

我们用一个形象的例子来说基金的概念。假如王某有一笔闲钱，想要投资债券、股票来获取收益，可他对证券知识一无所知，再加上他手上这笔钱数额也不大，因此王某便想与其他 10 个合伙人共同投资。如此虽然钱变多了，可对证券知识的缺乏还没解决。于是大家商议，请一个投资高手来帮大家进行投资。当然，这件事情不需要这 10 个人都与投资高手进行交涉，为了保证投资的有序性，其中一个懂行的人被大家推举出来与投资高手接洽。而这个懂行者也会得到一定比例的提成，并由他付给投资高手劳务费，以及定期向大家公布这笔投资的盈亏。这样，一个合伙投资的模型就建立起来了，如果把这种合伙投资的模式再放大千百倍，就成了基金。

由此可见，基金就是基金托管人（例如银行），将众多投资人的资金汇集起来，通过专业管理和运用，进行股票、债券等品类的投资，以获取收益的一种理财形式。

基金的一大特色是通过专家来进行理财。基金管理公司的投资专家一般都有深厚的投资知识和实践经验，能在一定程度上对家庭的资金采用组合投资的方式，从而规避掉一些风险。但是相应地，基金管理公司也会每年从基金资产中收取一定的管理费，基金托管人也会从基金资产中收取一定的托管费。此外，投资人还需承担申购费、赎回费和转换费等费用。

基金的种类有很多，不同类型的基金其收益和风险也各不相同。目前，基本上将基金分为开放式基金和封闭式基金两类。

现在大多数"基民"手上持有的基金都是开放式基金。它是一种发行额可变，基金份额（单位）总数可随时增减，投资者可按基金的报价在基金管理人指定的营业场所申购或赎回的基金。封闭式基金则是相对于开放式基金而言的，它的发行总额在事前就已经确定，在发行完毕和规定的期限内，发行总额都不会发生变动。封闭式基金不能在银行等机构进行买卖，只能在二级市场里进行交易。

另外，开放式基金中又有很多种类，如股票基金、债券基金、混合基金和货币基金等。从这些基金的名称可以看出，不同种类的基金的主要投资对象也有所不同。但是，股票基金并不是只指投资股票，而是在投资份额中，股票的占比达到了 80% 以上。股票基金是目前最热门的一种基金，如果股市行情好，它的收益也最为明显。但从承担的风险来看，股票基金的风险也是最高的。相对而言，货币基金的风险就要小得多。

根据投资目标的不同，又可将开放式基金分为成长型基金、价值型基金和平衡型基金等。成长型基金以追求资本增值为主要目的，较少考虑当期的收入，主要以有增长潜力的股票为投资对象；价值型基金也称收入型基金，追求的是稳定的经常性的收入；而平衡型基金则既注重资本增值又注重当期收入。

除此以外，基金的分类还有很多，如 ETF（交易型开放式指数基金）和 LOF（上市型开放式基金）、保本基金、伞形基金、大盘基金、小盘基金等。

对于家庭客户而言，如果只打算用几万元资金来进行投资，而这个数额又不足以购买一系列不同类型的股票或债券，或是没有时间来管理投资的股票和债券，基金就会成为不错的选择。

本节小结

本节的主要内容是股票和基金。股票是指股份公司为筹集资金，向出资人出具的一种股份凭证。基金是基金托管人将众多投资人的资金汇集起来，通过专业管理和运用进行股票、债券等品类的投资，以获取收益的一种理财形式。

2.4　黄金、期货和外汇

黄金、期货和外汇都是理财产品，只是对于普通家庭而言它们没有储蓄、债券、股票、基金那么有名气罢了。

黄金

黄金是一种贵重金属，自古以来就被看做是权势和财富的象征，并且被看成是一种非常珍贵的货币形式。早在春秋时期，楚国就曾制造一种金币"郢爰"。而现在，黄金则已经成为一种国际上公认的货币形式，被认为是继美元、欧元、英镑、日元之后的第五大国际结算货币。经济学家凯恩斯曾这样指出："黄金在我们的制度中具有重要的作用。它作为最后的卫兵和紧急需要时的储备金，还没有任何其他的东西可以取代它。"

黄金具有保值、增值和规避风险的功能。从某种程度上来说，现在最坚挺的各国货币也可能因为通货膨胀而贬值，但黄金却有着相对永恒的价值。因此，黄金是一种更理想的财产保值增值形式，也是对付通货膨胀的有效手段之一。

黄金投资越来越受到家庭的关注，黄金的投资品种主要有实物黄金和纸黄金两类。

实物黄金包括金条、金币等。这类黄金的变现能力很强，在全球范围内都可以方便地买卖。而其中一些带纪念性质的金币等，甚至还兼有收藏的功能，其价值则大于黄金本身。

纸黄金指个人记账式黄金，是投资者根据银行的报价，在账面上对虚拟黄金进行买卖，以获取价差的一种投资行为。例如中国银行的"黄金宝"、中国工商银行的"金行家"以及中国建设银行的"账户金"都属于纸黄金。纸黄金的标的物是一张黄金所有权的凭证，可在上海黄金交易所的一级交易市场交易，也可以在二级市场上交易。

黄金的市场价格也会有波动，也正是这种波动能给投资者一定的收益回报。目前，影响黄金价格的因素主要有供求关系、美元价格（国际市场上的黄金以美元标价）、利率（如利率较高，黄金持有人就可能会卖出黄金以购买债券或其他金融资产来获得更高的实际收益，从而导致黄金价格下降）、通货膨胀率、各国黄金储备政策变动等。

一般来讲，实物黄金适合中长期投资，它的盈利完全依赖于黄金的价格波动，投资人可以根据国际市场上黄金价格波动的情况，低买高卖，赚取其中的差价。但是实物黄金投资有一个缺点，就是它会占据较大的资金和保管费用，而且投资周期较长。若从安全性的角度来考虑，是一个比较让投资者费心的理财品种。

纸黄金则比较适合短线投资。纸黄金投资门槛较低，通常每10克就可以做一单，金价贴近市场，而且24小时均可交易，不像股票那样有休市期，交易费用也较低。纸黄金和实物黄金不同，它不涉及黄金的检验、运输、保管等，投资者可免去黄金保管等方面的担忧，且买入价和卖出价之间的差额相对较小，比实物黄金更容易赚取价差。

此外，还有黄金股票，就是买卖与黄金业务相关的上市公司的股票，这种投资行为比单纯的黄金买卖或股票买卖更为复杂。投资者不仅要关注公司的经营状况，还要对黄金市场价格走势进行分析。

期货

期货，全称是期货合约，是一种集中交易标准化远期合约的交易形式。期货交易的双方不用在买卖初期就进行实货的交收，而是约定在未来的某一个时间以某一特定价格进行实货的交收，其标的物可以是某种商品，也可以是某种金融工具，或是某个金融指标。它从某种程度上来说就是买卖的未来的价格，它反映的是买卖双方从不同的信息渠道对该商品做出的价格预测。

我们用一个故事来理解期货。

张某用低廉的价格承包了 1 000 亩稻田，并雇了一些人帮他种植水稻。在种植水稻之初，张某预估稻米的价格会上涨，如果再出现一些自然灾害，那稻米的价格还可能涨得更厉害。张某算了一笔账，这 1 000 亩稻田预计产出 100 万千克水稻，扣掉成本，张某要想挣钱，水稻的售卖价格就必须要在 1.1 元 / 千克以上。

为了保证自己不赔本，张某找到李某，想和他约定一个价格，到时由李某按这个价格收购水稻。经过讨价还价，双方将价格定在了 1.6 元 / 千克。到期时，张某必须交给李某 100 万千克水稻，而李某也必须以 1.6 元 / 千克的价格收购张某的水稻。

假如水稻收获以后，张某确实产出了 100 万千克水稻，且当时市价是 1.5 元 / 千克，他将水稻卖给李某相当于每千克多卖了 0.1 元，也就多收入了 10 万元；相应地，李某却不得不承受多花 10 万元的损失。但如果当年张某的稻田歉收，少收了 10 万千克水稻，市场价也变为 1.8 元 / 千克，那张某除了按 1.6 元 / 千克的价格将产出的水稻卖给李某外，还不得不去市场购买 10 万千克水稻并以 1.6 元 / 千克的价格卖给李某。如此，李某当然就是大赢家了。

期货交易至今已历经百年，最初的交易是买卖双方承诺在某一地点交收一定数量的货品，后来这种口头承诺又被买卖契约所替代。契约形式也逐渐复杂化，开始有中间人担保，以监督买卖双方能对货品按期交收。之后，国际上又出现了标准化的期货合约协议，并有了专门的期货市场。期货也逐渐成为投资者的一种理财工具。

期货本身有两个基本的经济功能。

一是转移现货价格的风险。现今每一种商品都不可避免地会有价格的波动，人们自然希望转移这种价格波动带来的风险，而期货正是转移价格风险的有效方式。在期货的交易中，货品的数量、质量、保证金比率、交割方式和交易方式都是标准化的，只有价格是通过市场竞价形成的自由价格。

二是发现合理的价格。期货交易所具有公开、公平、公正的特点，它将众多影响价格的因素集中在交易所内，以公开竞价的方式形成一个交易价格。这种价格具有连续性、公开性和预期性的特点，对增加市场透明度、提高资源配置效率都有利。

期货的收益率很高，但相应的风险也相当大。它的交易形式与股票有一定的类似度，但又有着明显的区别。期货的交易品种比较少，多是大宗的农产品或工业原料，且采取的是保证金制。一次买卖的费用仅为交易额的万分之几，盈利后也不收取所得税。举例来说，如果投资者有 10 000 元，其在股票市场上只能买进 1 000 股每股 10 元的股票，而在期货市场却可以成交总额 10 万元的商品期货合约，体现以小博大的特点。

同时股票只能先买进再卖出，是单向交易；而期货则既可买进也可卖出，是一种双向交易。此外，期货到期后必须交割，而股票的交易时间则没有限制，投资者可以长期持有，也可以短期抛售。而且，期货交易不可避免地有着超高风险的特点，如果不考虑手续费，它始终是"一半人赚钱一半人亏钱"的态势，投资者可以一夜暴富，也可以瞬间一贫如洗。

进行期货交易时，投资者需先选择一个期货经纪公司办理开户手续，之后即可向经纪公司发出交易指令。经纪公司的出市代表根据投资者的交易指令进行买卖交易。目前我国多采用计算机自动撮合的交易方式。交易结算所每日结算后由经纪公司向投资者出具结算清单。如果账面盈利，经纪公司补交盈利差额给投资者；如果账面亏损，投资者需补交亏损差额，直到投资者平仓后，再结算实际盈亏。

在期货之外，还有一种期权，它是买方向卖方支付一定数量的金额后拥有的在未来一段时间内或未来某一特定日期以事先规定好的价格向卖方购买或出售一定数量的特定标的物的权利。

我们再举个例子来说明。例如张某在街上看中了一款商品，但这款商品售价 4 000 元，张某现在无力购买，但他能确定一个月后他会有足够的钱买下这款商品。于是，张某就和卖家李某商量，由张某交付部分押金，一个月后李某再以 4 000 元的价格将这款商品卖给张某，而不管一个月后这个商品的价格是涨还是跌。如果一个月后张某没买，李某就可以把这个商品卖给别人。张某和李某达成的这个协议，就相当于是一个期权，押金就是期权价格，也就是张某的选择权的价格。

期权实际上是一种权利的交易，张某可以在一个月后选择买还是不买，买以约定价格买入，不买则损失押金。因此从某种程度上来讲，期权是一种固定风险的投资活动，它有可能获得较高的盈利，就是亏也只会亏掉那部分事先缴纳的权利金的数额。

外汇

外汇投资是指投资者通过兑换不同的货币，以获取投资收益的行为。由于外汇的汇率是不断变动的，外汇投资实际上是指赚取各币种之间的差价。拿美元和日元的汇率来说，1985 年时，1 美元能兑换 220 日元；而一年后，1 美元则只能兑换 160 日元；到了 2009 年，1 美元只能兑换 88 日元。在这个过程中，日元就是升值的。现在，外汇市场每天的波动率通常为 2%～3% 的幅度，这就给投资者创造了更多的盈利机会。

外汇投资需要符合几个条件：一是以外币表示的国外资产；二是在国外能得到偿付的货币债权；三是可以兑换成其他支付手段的外币资产。这些外汇标的物只有在转化为银行的外币存款账户后，才能进行外汇的支付。因此，外汇并不能简单地理解为国外货币，它还包括以外国货币表示的外币支付凭证、外国有价证券等。

外汇投资包含外汇储蓄、外汇宝、外汇保证金、外汇结构型存款、外汇期权类产品等。其中外汇储蓄最为常见，即投资者将手中持有的外汇存入银行，获取利息的收益。外汇储蓄风险小，收益稳定，但利率相对比较低。

外汇宝是利用各币种间汇率的变化，对一种货币进行低买高卖的操作方式，它有着较高的收益，但同时风险也较大，能否盈利完全取决于投资者对外汇市场价格风向的判断。通货膨胀、利率、国际政治经济趋势等都是影响外汇汇率的重要因素，这些都需要投资者提前预判准确，它需要花费较多的时间跟踪市场，难度相对较大。

外汇保证金风险很大，是指以一定比例的资金在外汇市场以各种外汇为买卖对象，对汇率的波动方向进行扩大百倍的增值交易，具有典型的期货特征，因此又被称为货币期货。外汇保证金的高风险使其不太适合普通投资者，如果操作不当，就有可能损失全部投资。

外汇结构型存款是外汇理财产品的一种，可分为固定收益型和浮动收益型两类。固定收益型外汇结构较为简单，利率也高于储蓄利率，但是投资者不能提前终止投资，而银行则可能定期赎回该产品。浮动收益型外汇结构复杂，预期收益率也较高，但能否得到收益则受到利率、汇率、黄金价格等因素的影响，因此风险也较高。如果市场变化不如预期，利率甚至可能会低于普通的储蓄。

外汇期权产品收益率高于外汇结构型存款，投资期多为 1～3 个月。外汇期权产品资金运作灵活，但面临到期货币转换的风险，本金有可能得不到保障。因此，它属于投资者需要慎重考虑的一个品种，如对外汇市场没有一定的了解，通常不建议操作。

本节小结

　　本节主要内容是黄金、期货和外汇投资简介。对于普通家庭来说，这三种理财产品的使用度不高。黄金投资一般是指保有黄金获得升值；期货投资是交易的双方不用在买卖初期就进行实货的交收，而是约定在未来的某一个时间以某一特定价格进行实货的交收；外汇投资是指投资者通过兑换不同的货币以获取投资收益的行为。这些投资方式操作较为复杂，需要在理财经理的良好指导下进行。

2.5 另类投资工具

在常见的储蓄、股票、基金等投资渠道之外，还有一些投资方式也已为大众所熟知。这类投资方式通常是以实物的方式进行，例如房产、收藏等。

房产

房产又称为不动产，是指个人或团体保有所有权的房屋及地基。前些年，随着我国房价走势的强劲，许多有闲钱的家庭也把投资眼光瞄向了收益高、风险小的房产项目，并且获取了不菲的回报。

房产投资不同于一般的理财产品，有着自己独有的特性。

首先房产是不可移动的，它的价格受地理位置的影响最大，相同的房子在不同的市区、不同的地段价格差距非常明显。就是同一幢房屋，不同楼层、不同朝向，其价格也有着显著的差别。

其次是长久以来房产一直有着较高的增值空间。房产是附着在土地上的，而土地又有着明显的不可再生性，加上现在我国几世同堂的现象越来越少见，居民对房产的需求极为强烈，因此催生了我国极为繁荣的房产市场。

再次是，房产有着长期的使用年限，不同于一般的商品，在使用一段时间之后价格也不会大打折扣。建筑物的耐用期限一般都在几十年以上，几十年之后，其价格与新房相比，差距也不会过于明显。

此外，房产的价值也是相对稳定的，它不同于股票、基金等价格波动幅度很大。只要房产所处的地段良好，它的价值就不会因为生活形态或科技的改变有所降低。而且即便是居住过的房子，在经过装饰、翻修之后，又会成为一定程度的新商品。

虽然如此，房产投资也存在着很大的风险。房屋一旦遇到不可预测的灾害时，就可能变成废墟。而且随着国家对投资性房产政策的不断出台，投资房产也会受到政策因素的影响。同时，它也会受到房屋质量、周边环境改变的影响，这些都是造成房价波动的主要因素。

另外，房产投资占用的资金巨大，资金周转效率低。现在投资一套房产，动辄几十万元、几百万元甚至上千万元，并且商品房大多需要等待一年半载才能建好，会影响投资者的资金流动。这从理财上来看，其实是理财的一个大忌。

收藏

收藏是近来比较火热的一种投资渠道。有人在世界范围内做过比较，从艺术品投资和股票投资来看，艺术品投资的收益远高于股票。实际上也是如此。在股票市场中，至今没解套的老股民仍然为数不少，而艺术品投资增值却是以倍数计的。

收藏市场上近年来比较火热的有古玩字画、邮票、钱币、奇石四种。尤其是奇石，就像一匹收藏界的黑马，珍贵的宝石价格被不断放大，有着令人期待的市场空间。

对于投资收藏的家庭来说，藏品一定要有特色，要形成自己的收藏体系，专门在某一品类上发力。由于藏品价格走高，市场上仿品横行，收藏者一定要有专业的眼光。再者就是要关注收藏市场行情，如果不能把握好行情，也会影响到收藏的进程和质量。

俗语有言："乱世看金银，盛世看收藏。"但是，投资藏品也要理性。现在的市场上，有些藏品的价格已经被炒得太高，动辄数百万元乃至上千万元，从投资的角度来看，其风险也在逐渐加码，未来的价格上升空间也在变小。因此，投资收藏品必须审慎而行。

信托投资

信托投资中的"信托"，是指将自己的财产委托给别人进行管理和处置，这种理财方式起源于英国。信托投资就是投资人购买由信托公司发行的、解决企业融资或投资于特定领域的信托产品。而信托公司通过这些信托产品，将各家庭或个人的资金集中到一起，通过专业的人才凭借专业知识和经验技能进行组合投资。从这一点来看，信托投资又有点类似于基金，但是信托投资的额度要求较高。

信托产品种类很多，如按信托的财产不同可以分为资金信托、不动产信托、贵重物品信托等；按其目的不同可分为担保信托、管理信托和处理信托等。

在选择信托产品时，通常选择现金流量、管理成本相对稳定的项目资产为宜，而不应该选择风险较大的股票或证券的信托产品。信托产品的期限通常在一年以上，期限越长不确定因素也会越高。另外，信托产品的流动性也很差。

本节小结

本节的主要内容是房产、收藏和信托投资简介。在房价高涨的市场背景下，许多人都选择买房投资，但是它的资金流动性较弱。收藏需要投资人具有鉴"宝"的眼光，不然就会被骗。信托投资则是将自己的财产委托给别人投资，有点类似于基金，但额度要求有所不同。

2.6 金融机构全接触

金融机构是指专门从事货币信用活动的中介组织，如银行、保险公司、证券公司等。

银行

银行是依法成立的经营货币信贷业务的一类金融机构。我国的银行按类型可分为中央银行、政策性银行、商业银行、投资银行、世界银行等。其中与家庭理财密切相关的是商业银行，如中国工商银行、中国农业银行、中国建设银行、中国银行等。它们也是我国最主要的金融机构，业务范围包括吸收公众存款、发放贷款、设计发行各种理财产品等。

居民的储蓄业务主要由银行办理。储蓄类理财产品包括活期储蓄、定期储蓄等，其特点是利率事先约定、收益稳定，在银行不发生破产的情况下，储户的本金和利息都能得到保障，满足了一部分家庭追求固定收益、无风险的需求。

储蓄利息分为利率调整时的利息计算、提前支取和超期的利息计算、定活两便计算。利率调整时，活期储蓄以支取日利率计算，与存入日利率无关，利息 = 存期内天数 × 支取日利率。定期储蓄则以开户日利率计算，不分段计息。

计算储蓄期限时，支取当日不计利息，即"算头不算尾"。例如，11月 29 日存入，12 月 30 日支取，存期就从 11 月 29 日开始计算，而支取当日 12 月 30 日不算利息，存期为 30 天整。

除了储蓄业务外，商业银行也会自行设计一些理财产品。这部分理财产品由银行向投资人募集资金，签订合同，银行按约定将相关资金投入金融市场并购买相关金融产品，在取得投资的收益后，银行按合同约定给投资人分配利润。这类产品因低风险、高收益逐渐受到家庭的青睐，成为很多家庭的投资渠道。

银行的理财产品相对来说安全、稳健，保本的理财产品都会让本金得到保证，并且收益均高于储蓄。但是，相对来说银行理财产品门槛较高，流动性较差，通常起始门槛均为 5 万元人民币。某些特定投向的理财产品，如投资到海外市场的 QDII（合格境内机构投资者）产品，起始门槛甚至可达 30 万元人民币或等额外币。多数的银行理财产品都有固定的投资期限，如三个月、一年、两年等。

银行理财产品的分类方式有很多。根据币种不同，可分为人民币理财产品和外币理财产品；根据客户获取收益的不同，可分为保证收益理财产品和非保证收益理财产品；根据投资领域的不同，又可分为债券型理财产品、信托型理财产品、挂钩型理财产品及 QDII 型理财产品。

其中，债券型理财产品的主要投资对象是短期国债、金融债、央行票据以及协议存款等。这些产品期限短、风险低。对于个人来讲，银行票据与企业短期融资券无法直接投资，它的出现实际上是为客户提供了分享货币市场投资收益的机会。

信托型理财产品主要投资于信托产品，如光大银行的阳光理财 T 计划人民币信托理财产品，就主要投资于信托公司的信托计划。其第 1 期产品投资期限为一年，投资范围是与英大国际信托设立指定用途资金信托，用于向"国家电网公司下属省网公司"发放信托贷款，主要用于各地电网的建设。

挂钩型产品也称结构性产品，收益率与汇率、利率、国际黄金价格、国际原油价格等相关联，收益也主要由挂钩的市场决定。

QDII 型理财产品即合格境内投资机构代客境外理财。简单来讲，就是客户将手中的人民币资金委托给商业银行，再由商业银行将客户的资金兑换成美元，并在境外投资，到期后将收益结汇成人民币返还给客户。

保险公司

保险公司指依据保险法和公司法经过中国保险监督管理机构批准设立的经营保险业务的机构，其提供的多为商业保险。

随着我国金融业的发展，大量的保险公司如雨后春笋般发展了起来，既有国有的保险公司，也有股份制保险公司、外资保险公司，给了投保人很大的选择空间。

投保人选择保险公司投保后，保险公司会与投保人签订保险合同，保险合同涉及投保人、保险人、被保险人和受益人四种人。投保人和保险人是合同签订的双方。在我国，自然人和法人都可以购买保险，即成为投保人。保险人就是保险公司，它会按照双方签订的保险合同向投保人收取保费，并承担赔偿或给付保险金的责任。被保险人和受益人不是保险合同的当事人，却是保险合同利益的相关人。被保险人是享有保险金请求权的人，他和投保人可以是同一个人，也可以不是同一个人。受益人是保险合同中由投保人或被保险人指定的享有保险金请求权的人。受益人一般由投保人或被保险人在保险合同中指定，投保人指定受益人必须经过被保险人同意。

同时，保险公司也有一些理财类的投资型保险，但仍需注意投资型保险具有投资和保障的双重功能。在我国的人寿保险中，投资型保险占据了80%以上的份额。

在分红保险中，客户享有取得公司实际经营红利分配的权利。中国银行保险监督管理委员会规定，经营分红保险的公司必须每年都要以书面的形式向保单的持有人通告分红的业绩情况。分红保险有着固定的保底预定利率，能够一定程度地减少客户的利率风险。但是，分红保险不能保证每年都有分红。其分红的来源在于保险公司经营分红产品的可分配盈余，保险公司的投资收益是决定分红率的重要因素，一般收益率越高分红率也越高，反之则低。

在万能险中，投保人有着较低保底收益的可靠性，也有较高回报率的可能性。它缴费灵活，客户可以定期缴费，也可以不定期投保，保障部分的金额可以根据客户的经济情况进行调整，且可以加保。但是，万能险也有收益不确定性的风险，不能和银行储蓄、国债等理财产品相提并论。

投资连接险通常不保证投资的收益率，保费分为保障和投资两部分。保险公司承担保障部分的风险，这部分保险金额固定不变。投资人承担投资部分的风险，同时享有投资的回报。保险公司每月公布投资的收益情况，其管理方式类似于基金。投资连接险一般收益较高，但风险也大，其收益也不固定，如果投资市场的行情不好，投资人的资金就可能遭受损失。

证券公司

证券公司是指依法设立的，经国务院证券监督管理机构审查批准的，具有独立法人地位的有限责任公司或股份有限公司，业务范围包括证券承销、证券经纪、证券资产管理等。

投资人买卖股票时首先需要在证券公司开立一个股票账户，股票账户包括证券账户和资金账户，这两种账户都开立以后，投资人才可以进行股票的买卖。

证券账户又称股东账户，类似于股票存折，可以记录、清算、交割投资者的证券交易。投资人买卖证券的过程都会在证券账户中详细地反映出来。资金账户用以存取投资者买卖股票的资金。从这个层面上来讲，证券公司就相当于投资人进行证券交易的经纪商。投资人在进行证券交易时，证券公司也会相应地从中抽取一定比例的代理委托费。

本节小结

本节主要介绍了理财机构，包括银行、保险公司和证券公司等金融机构，它们都是专门从事货币信用活动的中介组织。

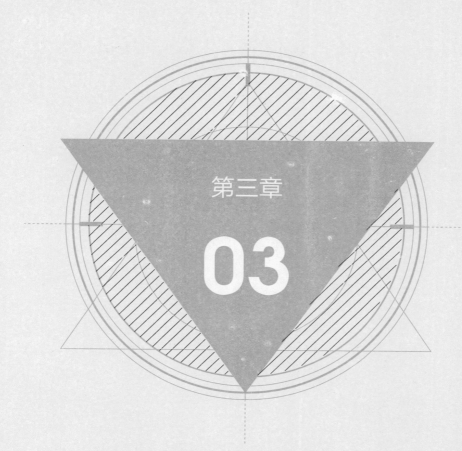

第三章

03

家庭里的资产配置

家庭资产配置是一个系统科学的过程，有着严密的流程和构建方法。在这个过程中，资产配置所涉及的每一个类别都是一个很大的课题，掌握资产配置的模型、重要性、过程、类型和构建方法是理财经理进行家庭资产配置的基础，也是必需的步骤。

案例引入

　　龚先生 62 岁，龚太太 60 岁，夫妇俩退休以后，将手中的 10 万元现金做了定期储蓄。夫妇俩还有 3 套住房，分布在市区和郊区。夫妇俩自住一套，市值 100 万元；出租一套，市值 80 万元，年租金 2.4 万元；另外一套市值 160 万元的房子由龚先生的大儿子居住。

　　龚先生的大儿子也有 2 套住房。一套出租，市值 120 万元，年租金 3 万元；另一套由岳父母居住，市值 90 万元。同时，他们还有 50 万元的银行理财产品，年收益率约为 6%。

　　龚先生的小女儿有 1 套商品房，市值 150 万元，另有现金 5 万元。

　　龚先生一家对于资产的处理方式代表了现在很多家庭的理财选择，就是大量购置房产。他们家有 6 套房产，市值达到 700 万元。而他们手中可支配的现金却只有 65 万元，只占到全部财产的 9%。

　　这样的资产配置方式，如遇房地产市场出现剧变，如房价大幅度下跌，那么整个家庭就会蒙受巨大的损失。显然，龚先生一家的资产配置方式并不合理。

3.1 理财"金三角"

银行理财经理在帮助客户家庭进行资产配置时，应科学合理地将各种理财工具聚合到一起，在保证本金安全的基础上，实现家庭财富的保值增值，这是一项基础性的工作。

对家庭资产进行科学配置，理财"金三角"是一个十分重要的工具。理财"金三角"概念源于美国，是指将一个家庭的年收入进行三等份的分配，除日常生活的支出（现金）以外，还包括投资理财（增值）和风险管理（保障）两个部分。其中，日常生活支出包括个人以及家庭成员的衣、食、住、行、育、乐等开支；投资理财包括家庭针对自己的财务状况和投资目标做出的理财规划；风险管理更多的是指家庭针对自己可能遭受到的风险提供的保障措施，以确保自己能够避免损失，促使资产保值增值。

理财"金三角"结构图

在理财"金三角"的资源配置中，一般认为家庭日常生活支出的资金可占到 60% 左右，这样一个家庭才有空闲规划自己的理财目标，并且较好地掌控自己的生活品质，不至于太拮据，也不至于太奢侈。

投资理财的资金可占到 30% 左右。一般认为，可以使家庭将自己的投资目标分为 3～5 年的短期目标、5～10 年的中期目标、10 年以上的长期目标三类，并且将这 30% 的资金有计划地完成这些目标规划中的重要事项。

风险保障的资金可占到 10% 左右，作为短、中、长期风险管理的费用，主要以保险的方式进行。它是"应急"的备用金，能使日常生活支出和投资理财长久地进行下去。

上述 60%、30%、10% 的比例来自于美国经济学家提出的"年收入 6：3：1 比例"，即 60% 的年收入作为日常生活的开销，30% 的年收入作为储蓄性的投资理财，10% 的年收入作为保障性的风险管理。这里，如果每年拿出 30% 作为储蓄资金，若能获得同等程度的利息收入，持续 40 年以后，一个家庭就能供给 20 年相同品质的退休生活。例如，一个家庭年收入 10 万元，其中 6 万元作为日常开支，3 万元作为储蓄，40 年后的储蓄额就是 $3 \times 40 = 120$（万元），正好和日常支出的 $6 \times 20 = 120$（万元）相同。当然这是理想的状况，低息时代和通货膨胀已经让储蓄成为不能保本增值的理财产品，因此以 30% 作为投资理财才成了现在合理的理财"金三角"。

三角形是最稳定的结构，三条边彼此联系、相互支撑，在资产配置中构筑起一个稳定的理财"金三角"，同样能使资产结构持续而有力，且能得到有效的保障。经济学上也常讲，"不要将所有的鸡蛋放在一个篮子里"，投资要理性，理财不是"毕其功于一役"的赌徒做法，必须要防范可能的风险。风险的防范是理财的基础，只有重视这一点，才能让客户收到理想的投资收益和达到预期的理财目的。

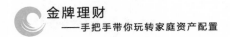

本节小结

本节主要介绍了理财"金三角"这一概念，其实就是资产配置的黄金比例，按照这样的比例进行资产分配是最稳定的。

3.2 资产配置的重要性

"全球资产配置之父"加里·布林森曾说过："投资决策最重要的是着眼于市场，确定好投资的类别。从长远来看，大约有 90% 的投资收益都来自于成功的资产配置。"

资产配置其实就是在不同的投资渠道中做好资产比例的权衡，以期取得收益和风险的平衡。资产的类别有两种：一是实物资产，如房产、收藏品等；二是金融资产，例如股票、债券、基金等。当投资者在面对多种资产时，在考虑每种资产的比重时，资产配置的过程也就开始了。

举个简单的例子。假如一个家庭拿出 10 万元用于投资，将其中的 5 万元用来买入股票，另外 5 万元用作储蓄，那么就有了最简单的资产配置。家庭没有把 10 万元全部投入股市，因为那样可能会把钱赔光；也没有把 10 万元全部存入银行，因为那样可能会遭遇通货膨胀、货币贬值的风险。

经济学上有"不要把鸡蛋放在同一个篮子里"的著名理论。这里的"鸡蛋"可以看成是"资产"，"篮子"可以看成是"标的"。"不要把鸡蛋放在同一个篮子里"，其含义是当我们把鸡蛋放在同一个篮子里时，如果这个篮子砸了，全部鸡蛋就碎了；而将鸡蛋分开放在不同的篮子里时，即便有一个篮子砸了，还有其他篮子是完好的。

2008 年，全球遭遇金融危机，美国标准普尔 500 指数的总收益率为 -37%，MSCI 新兴市场的收益率为 -53%，下跌非常明显。而收益率上涨的则是美国国债，为 20.3%，管理期货 14.1%，黄金为 14.1%。

这样的结果当然让人们愿意将资金投入美国国债、管理期货和黄金。然而，并没有谁有预测未来的能力。能够事先将资金放在美国国债、管理期货、黄金等单一"篮子"里的人，就像撞大运一样获得收益；而将资金投入标准普尔500指数或MSCI新兴市场的单一"篮子"，则必然蒙受巨大的损失。但是，如果将手中的资产简单地分成五等份，平均投资于上述五类资产，收益率则可控制在 -8.34% 的水平，而这个数字在这场罕见的金融危机之中可以说是非常乐观的。也就是说，即便是在危机之中，合理的资产配置也能有效地降低风险，不至于让投资者因为某个单一资产大幅下跌而损失惨重。

只不过，资产配置的精髓不是把鸡蛋任意放在不同的"篮子"里，而是要通过科学决策，选择将"鸡蛋"按什么样的比重放在哪些"篮子"里。这个过程，就是理财经理的主要职责。

我们用企业来举例。在市场经济中，企业的经营活动都是充满风险的，企业无法完全规避风险，风险与收益如一对孪生兄弟般形影相随。企业家就是那个摆平风险的人，如果他能针对风险为企业做出一个高明的决策，就能把握好风险与企业的权衡关系。

如果企业采取多元化的经营，从理论上讲，若各种投资之间存在完全负相关关系，就可以完全分散多元化投资组合的风险；若各种投资之间存在完全正相关关系，则无法分散多元化投资组合的风险。在市场经济中，许多投资之间存在正相关关系，但不是完全正相关。由此可以推断多元化投资组合可以分散风险，当然它无法完全消除风险，但比单一经营的风险要小得多。

对于资产配置来说，投资市场风云变幻，没人能够做出准确的市场预测。银行理财经理想要帮助客户在财富自由的通路上走得更加平稳，就要帮助客户做出更好的决策（做好资产配置），以获得收益与风险之间的权衡。资产配置对于财富来讲，就像饮食要均衡一样，饮食均衡身体才会健康。

耶鲁大学捐赠基金首席投资官大卫·斯文森在任职期间，使得耶鲁基金的年均收益率高达16%，成为美国运作最成功的学校捐赠基金。大卫·斯文森的成功秘诀就是以"资产配置"为导向，合理分散风险。在他的投资结构中，我们可以看到，2009年，耶鲁大学的捐赠基金在专家帮助打理下，有25%投资于对冲基金，25%投资于物业、木材、能源等资产，17%投资于私人股权，另外约33%的资金则投资于股票市场。这样的资产配置有效地降低了投资组合收益的波动率，也让耶鲁大学的捐赠基金收到了不菲的回报。

有研究显示，"资产配置"其实是决定家庭中长期投资成败的关键，占比高达91.5%。而选择标的、选择进市时机对投资报酬率的影响只占8.5%。这就意味着，一个家庭如果不能做好资产配置，反而过于计较选择标的、选择进场时机的话，即便家庭成员个个都是理财高手，最后仍有可能"竹篮打水一场空"。

或许有很多人还认为，资产配置是有钱人的事，闲置资金较少的家庭就不适合做资产配置，这也是一种错误的观念。资产配置和家庭财富的多寡没有关系，重点是要建立一种良好的理财观念。

从现有的理财产品来看，投资的起点决定了理财不是有钱人的专利，投资起点低的理财产品仍然有很多，例如国债、股票、基金的投资起点都很低，财富不多的家庭仍然可以参与。欧洲著名投机大师科斯托兰尼曾说："有钱的人，可以投机；钱少的人，不可以投机；根本没钱的人，必须投机。"现实生活中，大部分家庭都是"钱少"一类，虽不是一贫如洗，但一分一毫都需要花在刀刃上。净资产不多的家庭更需要谨慎投资，需要更好地利用资产配置的诀窍，让自己的资产得到稳定的增长。

从家庭资产配置的情况来看，在没有理财经理参与的情况下，目前我国的大部分家庭依然青睐储蓄和房产，这个现状反映了中国人相对保守的理财观念。受传统观念的影响，中国人历来有"窖藏""买房置地"的思想，加上不少家庭对现代理财方式缺乏相应的了解，参与度也不高，于是便更加钟情于储蓄、房产这些看起来比较稳妥的理财方式。

其实，储蓄和房产投资的比例过大并不是合理的资产配置方式。**房产投资容易受到外部政策的影响，流动性也很差。**如果把"鸡蛋"全都放在这个"篮子"里，资金链就很容易断掉，变现也会非常困难。储蓄虽然较为稳健，但通货膨胀随时在发生，10万元钱存入银行10年之后，最后的购买力可能只相当于5万元，会白白地遭受损失。

因此，银行理财经理有必要帮助客户家庭改变观念，根据客户家庭的风险承受能力，在各种投资渠道中做好权重分配，在兼顾家庭资产的安全性、流动性和收益性的基础上，建立一套严密、扎实的投资组合，才能更好地保护客户家庭的资金安全。

本节小结

本节主要介绍了资产配置的重要性。资产配置最主要的目的是获得更高的收益和规避风险。如今许多家庭还是比较保守地选择储蓄和房产，其实这并不是最好的资产配置方式。

3.3 资产配置的过程

资产配置是一个科学的决策过程，绝不是简单地找几类理财产品，将资产进行想当然的分配就算完成的。**资产配置是一个综合的动态的过程，各个家庭的资产配置方式都可能发生变化。对于家庭来说，风险的含义不同，其投资组合也应有所不同。**

通常来讲，帮助家庭进行资产配置的过程，可以分为六个步骤：明确投资目标和限制因素、明确资本市场的收益期望值、明确资产组合中包括的资产类别、确定资产组合的有效边界、寻找最佳的资产组合、定期监控投资业绩。

明确投资目标和限制因素

在帮助客户进行资产配置的过程中，首先需要了解客户家庭的特点、资产状况、投资特点以及整体的投资市场环境等。

客户家庭的特点包括现阶段资产与负债情况、收入支出的现金流量、家庭成员的职业情况等，同时要找出客户家庭资产配置的财务资源，以便达到财富累积的目的。

了解客户家庭的理财目标也是必需的。各个家庭的理财目的可能会有所差别，理财目的包括需要的理财需求和必要的理财需求两种。需要的理财需求如购房、子女教育金等，这些是家庭生活的重要部分，但如需要时资金不足，仍可以通过其他的方式来替代解决。例如购房的资金不够，可以选择房屋市价较低的地段来满足基本的需求。必要的理财需求如退休等，这是不能逃避的，如果退休规划因为投资失败造成财源不足，就会大大影响未来的生活质量。

当然，还要清楚客户家庭的风险承受能力，这是重中之重。它包括客观风险承受能力和主观风险承受能力两种。客观风险承受能力有就业状况、家庭负担、资产状况、投资经验、投资知识等；主观风险承受能力则表示一个家庭对本金损失的容忍程度、可承受亏损的百分比等。

除明确家庭的风险承受能力、目标需求以外，还要注意资本市场的变化，例如国际经济形势、国内经济形势、通货膨胀状况、利率情形、经济周期波动等。在不同的宏观资本市场环境下，不同的理财产品会有不同的市场表现，所带来的机遇和风险也会有所不同。

此外，对理财产品的税收情况也要有所考量，毕竟投资最后的盈余都是税后的结果。例如投资债券，国债一般会免税，地方政府债券也有税收优惠，但企业债券有 20% 的税收。

明确资本市场的收益期望值

在帮助客户家庭进行投资前，银行理财经理必须对所投产品的收益期望值有所了解。要分析这些产品过往的收益数据，以及影响该产品收益的经济因素，从而对该产品的未来走势做出理性的判断。

在对理财产品的市场情况进行分析时，通常可运用历史数据法和情景综合分析法。

应用历史数据法时，可假定未来和过去的市场环境相似，以过去长期的历史数据为基础，在研究过去历史数据的基础上推测未来该产品的收益情况。相关历史数据包括资产的收益率、标准差衡量的风险水平以及不同类型资产之间的相关性这三类。在对理财产品的未来趋势进行预测时，一般要按照通货膨胀的预期进行调整，以使调整后的收益率能和历史收益率保持一致。

历史数据分析法更为复杂，可结合不同历史时期的经济周期做出进一步的分析，通过对经济周期的判断来选择历史参照系，考察不同经济周期下理财产品的风险收益状况和相关性，并结合现在和未来可能发生的经济状况，来预测理财产品未来的市场表现。对历史资料进行细分，可以让理财经理正确确认与未来最相关的历史资料数据，并有助于预测未来可能发生类似经济事件时理财产品的市场表现。

需要注意的是，在选择历史数据作参照系时，应以长期的历史数据为基础，而非以近期的历史数据为根据，不然就可能犯下短视的错误。

在投资学上，有一个著名的"美林投资时钟"理论，它将经济周期分为衰退、复苏、过热和滞胀四个阶段。在不同的阶段，资产类别会有不同的表现。例如就收益率来看，衰退期时，债券收益率＞现金收益率＞股票收益率＞大宗商品收益率；复苏期时，股票收益率＞债券收益率＞现金收益率＞大宗商品收益率；过热期时，大宗商品收益率＞股票收益率＞现金收益率/债券收益率；滞胀期时，现金收益率＞大宗商品收益率/债券收益率＞股票收益率。

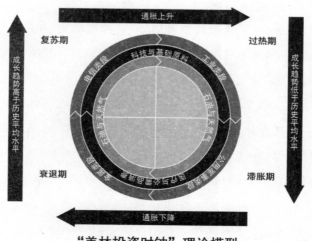

"美林投资时钟"理论模型

如果理财经理能够准确判断出当下的经济周期，就可以参考"美林投资时钟"理论，对理财产品的未来收益率做出大致的判断。

情景综合分析法重点在于对未来的预测和分析，它要求理财经理有更高的预测技能。其步骤通常包括以下四步：

第一步：分析目前与未来的经济环境，确认经济环境可能存在的状态范围，即情景。

第二步：预测在各种情景下，各类资产可能的收益与风险、各类资产之间的相关性。

第三步：确定各情景发生的概率。

第四步：以情景的发生概率为权重，通过加权平均法估计各类资产的收益与风险。

情景综合分析法通常的预测期间为 3 ～ 5 年，是一项较为系统的工程。相对于历史数据法着眼于过去来说，情景综合分析法更注重于未来。但需要注意的是，这两种分析法并不是泾渭分明的，很多时候需要结合起来使用。

例如，摩根士丹利亚洲研究部曾应用情景综合分析法对中国 2020 年前的经济情况做出过预测，预测显示：在 2010 ～ 2020 年的十年间，中国 GDP 和 CPI 分别增长 8.0% 和 3.5% 的概率为 70%，而分别增长 9.5% 和 2.5% 的概率为 20%，二者仅增长 6.5% 左右的概率为 10%。结合历史数据分析法，将 70% 的概率对应为经济周期的复苏阶段，20% 的概率对应为过热阶段，10% 的概率对应为经济周期的滞胀阶段；再根据过往各类资产在不同经济周期中的实际回报率来看，以股票为例，如若其在复苏期回报率为 19.9%，在过热期回报率为 6%，在滞胀期回报率为 –11.7%，则可以近似算出股票类产品在这 10 年中的收益率为：$19.9\% \times 70\% + 6\% \times 20\% + (-11.7\%) \times 10\% \approx 13.96\%$。

明确资产组合中包括的资产类别

在资产配置中，我们通常把资产分为固定收益性资产、浮动收益性资产、风险类投资产品等几类。固定收益性资产包括有固定收益的银行理财产品、国债等，浮动收益性资产包括预期收益的银行理财产品、货币基金等，风险类投资产品则有股票、房产、贵金属等。另外，商业保险等也应包含在资产配置的产品池中。

在众多资产类别中，不同的理财产品有着不同的作用和贡献。例如银行储蓄利率很低，有的时候保值都很困难，但储蓄并不全是为了理财，更主要的是可以灵活调配自己的资金。与储蓄相比，银行理财产品虽有一定的风险，但其投资标的多是银行间市场的产品，因此风险系数也不大。如果想百分之百保本，还可选择保本型银行理财产品。而股票、基金等风险相对较高，但收益也很诱人。

理财经理在帮助客户家庭做资产配置时，就应当有目的地让各类资产有效互补，既要配置高收益的风险类投资产品，又要有固定收益性的资产比例，同时也不能缺少浮动收益性的资产，保险更是不可或缺的部分。

而在此过程中，理财经理就必须要考虑帮助客户把"鸡蛋"放到哪些"篮子"里的问题，还有就是在每个"篮子里"放多少"鸡蛋"的问题。这两者是资产配置成功的关键。要做好这一步，就要明确资产组合的有效边界。

明确资产组合的有效边界

资产组合的有效边界是指在投资组合中，在相同风险的情况下收益最高的投资组合，以及在收益相同时风险最低的投资组合。

投资者都是趋利避害的，当然希望得到最优的投资组合，要么收益最大，要么风险最小。在实际的资产配置中，通过一定的计算方式排除掉比较差的投资组合后，余下的组合就可能成为有效的投资组合。如果能够求出最有效的投资组合集，就等于找到了资产组合的有效边界。

1952 年，经济学家马克维兹首次用数学模型对投资组合进行了分析。

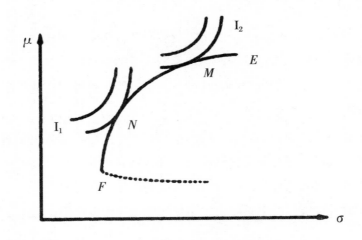

马克维兹的有效边界模型

在马克维兹的有效边界模型中，横轴表示投资组合的风险，纵轴表示投资组合的预期报酬率。模型中上方的曲线部分 EF 就是资产组合的有效边界，所有落在这条曲线上的点都代表了有效的投资组合。由于在有效边界上的投资组合都是最有效的，因此给客户家庭选择什么样的投资组合，就需要基于客户家庭的投资偏好来做出最终决策。模型中的 I_1、I_2 分别代表两种不同投资偏好的无差异曲线，当投资者 1 选择 N 点时，能使该投资者获得满意的有效投资组合。而投资无差异曲线 I_2 与有效边界 EF 相切于 M 点，则表明投资者 2 具有进攻型投资偏好，他愿意以较高的风险换取更大的投资报酬率。

寻找最佳的资产组合

所有投资家庭都有一条相同的有效边界，但理财经理给他们选择的投资组合却是不一样的，即上面提到的要根据客户家庭的投资偏好来进行筛选。

还是以马克维兹的有效边界模型为例，E、M、N点分别代表了不同风险下可以获得的最高收益，但是具体要给客户家庭选择其中的哪一点要看客户家庭对待风险的态度。资产组合 E 比资产组合 N 会承担更大的风险，但它的收益率会更高，这种期望收益率的增量可以看成是对增加风险的一种补偿。

对于厌恶风险的投资家庭而言，资产组合 N 是更加合适的选择；而对于风险偏好较高的投资家庭而言，则不妨为他们挑选资产组合 E。

总之，寻找最佳资产组合的过程，就是要帮助客户家庭选出最能满足他们风险收益目标的投资组合。

定期监控投资业绩

在做好了资产组合的选择以后，并不代表资产配置就完成了，这时还要随时监控为客户选择的资产组合。毕竟，客户家庭投资付出的是真金白银，谁都不希望到头来竹篮打水一场空。定期检测能有效防范投资中出现的各种未知状况。

在监测投资组合时，首先要检查投资标的和持有投资组合的资产配置是否发生了变化、两者之间有多大的差距、发展方向是怎样的，然后判断是否要对先前的投资组合进行调整、调整的力度又有多大。

在检视之中，可以重点查看在过去的某段时间（如一个季度或半年），哪一个产品的收益率最高、哪一个产品的收益率最低，可以与客户家庭期望的投资回报率进行对比，找出其中偏差比较大的产品。这里要注意的是，不要太在意某个产品短期的表现，也不要简单地把表现差的产品转移到表现好的产品身上，还是应该从产品的实际价值与价格的相对位置来做出有效的分析。

如果有必要对投资组合进行调整，并且调整的幅度较大，最好是制订一个计划，给客户筛选出备选的产品池，分步进行调整，切忌激进，不然很有可能会出现意料之外的损失。在调整的过程中，很多产品会产生手续费，这也是需要考虑的一点。如果调整行动不是很急切，就可以让客户家庭通过增加资金的方式来达到目的，从而减少一些不必要的成本。如果要卖出产品，最好是卖出那些品质不好的产品，但要注意不能只凭它的绝对收益率来衡量，还是要将同类风格的产品进行多方比较后做出决断。

本节小结

本节主要介绍资产配置的过程。概括起来有六个步骤：明确投资目标和限制因素、明确资本市场的收益期望值、明确资产组合中包括的资产类别、明确资产组合的有效边界、寻找最佳的资产组合、定期监控投资业绩。

3.4 资产配置的类型

资产配置的类型在业界有不同的划分标准。本文根据资产管理人的特征与投资者的性质，将资产配置划分为买入并长期持有策略、恒定混合策略、投资组合保险策略和战术性资产配置策略等。

买入并长期持有策略

买入并长期持有策略是最直接的资产配置类型，也是消极性的长期再平衡方式，适用于有长期计划水平并满足于战略性资产配置的投资者。这一策略考验的是投资者的耐心和坚持度，如果投资者有恒心坚持，一般都会获得较好的回报。

苹果公司的创始人之一罗纳德·韦恩在 1976 年时，因眼见苹果公司陷入了困境决定退出。于是他以 800 美元的价格卖出了他所持有的苹果公司 10% 的股份，将公司留给了另外两位合伙人乔布斯和沃兹尼亚。可谁能料到，按照苹果公司现在的市值来看，如果他将卖掉的这些股份持有到现在，价值已经高达 500 亿美元（约合 3 400 亿元人民币），财富将增长 6250 万倍。这就是长期投资的意义。

有很多人认为，在中国的投资市场进行中长期投资并不划算，但实际情况却不尽然。以股票市场为例，上证指数过往的大盘点位基本都高于十年前。这也从一个侧面证明，长期投资有着实际盈利的可能，也意味着发生亏损的可能性也较小。

当然，长期投资并不是要求投资者盲目地选择一种理财产品长期持有，它也需要理财经理进行多方分析，选择那些具有发展前景和增值潜力的产品进行投资，才能达到让资产稳健增值的目的。

在股票市场中，有很多投资者耐不住性子，在持有股票发生短期波动时就急于买进卖出，结果不仅获利和损失频繁，同时也付出了过多的手续费。而长期持有策略则能规避人为因素带来的影响，不会因投资标的短期波动而频繁交易。

家庭的理财规划一般都是建立在长期的目标之上的，如几十年后的退休生活、多年后的子女教育规划等，三两年的资产价格变化其实不用太在意。只要选择优质的理财产品，做好长期持有的打算，就有可能给投资者带来稳健的收入。正如卓越的股票投资家和证券投资基金经理彼得·林奇所说："投资股市绝不是为了赚一次钱，而是要持续赚钱，如果想靠一'搏'而发财，你大可离开股市，去赌场好了。"

在帮助客户家庭制定资产配置策略时，长期投资是较为有效的策略之一。从家庭的角度来讲，不妨将养老、置业、子女教育作为家庭长期的理财目标，并在这个目标的基础上，以长期、稳定的收益来帮助自己实现目的。

恒定混合策略

恒定混合策略是指保持投资组合中各类资产的比例固定不变的投资策略。也就是说，在投资市场发生变化时，投资者就要进行相应的调整，增减资金，以保持投资组合中各类资产的比例固定不变。

举例来说，如某家庭投资了 ABC 三项资产，一开始，A 资产持有 2 000 元，B 资产持有 4 000 元，C 资产持有 8 000 元，ABC 三类资产的比例是 1∶2∶4。后来，随着资本市场的变化，该家庭中的 A 资产上升为

3 000 元，B 资产上升为 5 000 元，C 资产下降为 2 500 元。此时，按照原来的 1 : 2 : 4 的资产比例，该家庭就应将 A 资产分配给 C 资产 1 500 元，B 资产也应分配给 C 资产 2 000 元，使得 A 资产为 1 500 元，B 资产为 3 000 元，C 资产为 6 000 元，仍旧维持 1 : 2 : 4 的资产比例。

恒定混合投资策略假定的是资产收益情况和投资者的投资偏好没有大的改变，因此原先设定的最佳投资组合维持不变，它适用于风险承受力较为稳定的家庭。在风险资产市场整体环境不是很好时，这部分投资者不会有像其他投资者那样冲动的表现，而是维持在原有的状态，因此他们的风险资产的比例反而上升了，其风险收益补偿也会随着上升。而在风险资产市场变好时，他们的风险承受力依然不变，其风险资产比例就会下降，风险收益补偿也会下降。

与买入并长期持有策略相比较，当投资市场有强烈的上升或下降趋势时，恒定混合投资策略其实是优于买入并长期持有策略的，所以它更适用于市场大幅波动的环境。

投资组合保险策略

投资组合保险策略是指投资者将一部分资金用于无风险的理财产品，而将另一部分资金用于风险类理财产品，并随着市场的变动，调整无风险理财产品和风险类理财产品的投资比例。

在这种投资策略中，如果风险类理财产品的收益率上升，其投资比例也会上升；如果风险类理财产品的收益率下降，其投资比例也会随之下降。从而保证资产组合的总价值不低于某个最低价值，同时又不放弃资产升值的潜力。

与买入并长期持有策略相比，如果风险类理财产品市场良好，投资组合保险策略的收益率会高于买入并长期持有策略，而在风险类理财产品市场较差时，投资组合保险策略的收益率会低于买入并长期持有策略。

动态资产配置策略

动态资产配置是根据投资市场的变化，对投资者的资产配置进行动态调整，从而增加投资组合的价值的做法。

动态资产配置有以下几个特点：

1. 动态资产配置一般是建立在一些分析工具之上的，如回归分析、优化决策等。

2. 动态资产配置受某种理财产品预期收益率客观测度驱使，是以价值为导向的动态调整过程。

3. 动态资产配置能测度出失去市场注意力的产品，从而引导投资者进入这些资产类别。

4. 动态资产配置一般遵循回归均衡的原则。

一般来讲，动态资产配置都有共同的原则，只是结构和实施的准则不同。例如，有的动态资产配置只是简单地对比各种产品的预期收益率，而另一些动态资产配置则经过了理财经理详细的工具计算和测度。当然，这些经过详细计算和测度的动态资产配置比一般的动态资产配置更具有优越性，也更容易让客户家庭接受。

综合分析买入并长期持有策略、恒定混合策略、投资组合策略三种类型，可以通过下表予以比较。

资产配置策略比较

资产配置策略	市场变化时的行动方向	支付模式	有利的市场环境	要求的市场流动性
买入并长期持有策略	不行动	直线	牛市	小
恒定混合策略	下降时买入上升时卖出	凹型	易变、波动性大	适度
投资组合保险策略	下降时卖出上升时买入	凸型	强趋势	高

在这三种资产配置的类型中，恒定混合策略和投资组合保险策略属于积极性的资产配置类型，在市场发生变化时需要采取一定的行动。它们的支付模式是曲线的，恒定混合策略是凹型支付模式，而投资组合保险策略是凸型支付模式。买入并长期持有策略是消极性的资产配置方式，无论市场是否发生变化，都不会采取行动，因此它的支付模式是一条直线。

以股票为例，当股票价格保持单方向的持续运动时，恒定混合策略不如买入并长期持有策略，而投资组合保险策略则优于买入并长期持有策略。当股票由升转降或由降转升时，即市场产生波动但没有明显的趋势时，恒定混合策略优于买入并长期持有策略，而投资组合保险策略则不如买入并长期持有策略。

另外，买入并长期持有策略要求投资市场要有一定的流动性，而恒定混合策略则要求对资产配置进行实时的调整，不过调整方向与市场的运动方向相反。因此，恒定混合策略对市场流动性有一定的要求，但相对来说，投资组合保险策略对市场流动性的要求更高。

本节小结

本节主要介绍资产配置的类型。主要有四种策略：买入并长期持有策略、恒定混合策略、投资组合保险策略、动态资产配置策略。理财经理要根据投资者的财产状况、投资喜好来决定选择何种策略。

3.5 资产配置的构建

通常来讲，家庭资产的投资方向可以分成三类：第一类是收益比较低、流动性强、风险较小且有保障作用的资产类型，例如人寿产品、储蓄和国债等；第二类是收益适度、流动性较弱、风险较小的资产类型，例如房地产和收藏品等；第三类是收益较高、流动性比较强、风险较高的资产类型，例如股票、基金、期货等。

如果不考虑银行理财经理的辅助作用，家庭的资产配置根据这三类资产所占比重的大小，通常可以分为五种结构。

第一种资产配置结构是金字塔型。在这种资产配置中，以第一类资产所占比例为最大，而第三类资产的比例最小，属于稳健型的资产配置结构，风险很小，当然收益也不高，一般为老年人所偏爱。

第二种资产配置结构是均分型。在这种资产配置中，三类资产所占的比例基本相同，因此风险程度也较为适中，一般受到偏理性的新兴中产阶级中的现代家庭喜爱。

第三种资产配置结构是哑铃型。在这种资产配置中，第二类资产所占比例最小，第一类和第三类资产所占比例较大。这种结构缺乏一定的合理性，阶段性特征比较明显。一般受到还未置业的年轻家庭喜爱。

第四种资产配置结构是菱形。在这种资产配置中，第二类资产所占比例最大，第一类和第三类资产的比例则较小，它的稳定性和风险性都比较差，现实生活中的"房奴"就是这种资产配置结构的典型代表。

第五种资产配置结构是倒金字塔型。这种资产配置结构和金字塔结构正好相反，第三类资产所占的比例最大，第一种资产所占的比例最小，也是风险系数最高的一种资产配置结构，很不稳定，相当数量的股民就是这种资产配置结构的典型代表。

从上述的五种资产配置结构模型来看，在没有银行理财经理的介入下，家庭自主的资产配置结构或多或少都存在一定的不合理性。那么如何构建一套适合不同家庭的资产配置结构呢？

判断一套投资组合的好坏，最根本的是要看它是否适合投资者自身的情况，其中有两个核心要素是必须考虑的，即风险投资偏好和理财目标期限。此外，还要对当时的投资市场进行衡量，市场的变化也会在一定程度上影响资产配置组合的盈利。

风险、目标和市场其实分别对应的是安全性、流动性和盈利性三个要素，它们既是判断资产配置组合的标准，也是构建资产配置组合的切入点。

通常来讲，资产配置应该善用"向日葵法则"，以"花心"和"花瓣"两类资产组合进行配置，才能开出靓丽的花朵。这里，"花心"对应的是核心投资组合，"花瓣"对应的是外围投资组合。"花心"应该占到总资产的50%以上，是整个投资组合的基础；"花瓣"占到10%～50%的比例比较合适。

理财经理应该首先帮助客户配置好核心投资组合，配置时宜按照策略性资产配置方式构建，以期获得长期稳定的资本增值。在投资品种的选择上，这部分资产可以包括长期绩效稳定、波动低的债券型基金、混合型基金等。而在投资期限上，可以通过中长期持有，获得较稳定的投资收益。

然后，再用技术性的资产配置方式构建外围投资组合，这时要重点考虑市场的周期变化，并随之进行匹配和调整。配置外围投资组合时，应与核心投资组合形成互补。在投资品种的选择上，可以选择风险较高的股票型基金或指数基金，以获得较高的投资回报。在投资期限上，可以采取中短期持有的策略，灵活把握市场变化，提高整个投资组合的收益水平。

如果说核心投资组合是常规军，外围投资组合就是一支机动部队。例如，当市场比较景气时，外围投资组合的资产可以多数投入股票；而在市场处于萧条期时，外围投资组合的资产也可以多数用以投资稳定性更好的货币。这样虽然收益少了，但躲开了更大的亏损，这就是外围投资组合的意义。

举例来说，假如某投资者核心投资组合占70%（其中股票占30%，债券占30%，货币占10%），外围投资组合占30%，各资产品种的投资比例根据市场景气程度的变化做出调整。其总资产配置情况如下表所示。

总资产配置情况表

市场预测	股票	债券	货币	报酬率	相反情况	报酬率
向上	60%	30%	10%	12.2%	向下	−7.3%
持平	45%	45%	10%	4.7%	萧条	−8.8%
向下	30%	60%	10%	3.2%	向上	6.2%
萧条	30%	30%	40%	−5.2%	向上	6.8%

从上表可以看出，当理财经理判断市场处于向上阶段时，其总资产中的60%投资于股票，外围投资组合的30%都用在了股票上。如果预测正确，投资家庭可以获得12.2%的收益；而如果预测错误，则会亏损7.3%。如果不进行资产配置，而预测市场向上，将资产全部投资于股票，若判断错误就会亏损20%，远高于7.3%的水平。

"向日葵法则"的应用，正是综合考虑投资者风险承受能力、理财目标期限和市场变化程度的体现。"花心"和"花瓣"有着不同的功能，只有两者结合，才能成为一朵完整的"向日葵"，客户的收益才可能最大化。

本节小结

本节主要介绍资产配置的构建。通常家庭的资产配置可以分为金字塔型、均分型、哑铃型、菱形、倒金字塔型这五种结构。在没有理财经理的帮助下，家庭资产配置总是存在一定的不合理性，需要理财经理的协助才能使客户的收益最大化。

3.6 资产配置常见问题

在家庭资产配置中，有不少家庭只关注自己的资产总额是不是在增加，而很少去关注如何分配自己的各种资产，这其实就是走入了一种资产配置的误区。在这样的客户面前，理财经理应根据客户的具体情况给出合理的建议，以改善客户家庭的资产配置结构。

以下就是我们常见的一些资产配置的误区。

固定资产比例过高

家庭资产按照流动性来划分，可分为流动资产和固定资产。流动资产指现金、储蓄、股票、基金等变现能力较强的资产，固定资产则指房产或非营运用的汽车等。在家庭理财中，实际上大部分的资金供给如养老、教育等，都来源于流动资产。如果固定资产的比例过高，流动资产就可能不足以应付一些必要的急需的开支，从而让家庭陷入窘境。

> 小唐夫妇在北京拥有两套房产，市值 800 万元。在北京这样一个寸土寸金的地方，拥有这样的房产数量让小唐夫妇颇为自豪，逢人便说："有这两套房产，我们下半辈子就不用愁了。"
>
> 然而小唐夫妇虽然坐拥 800 万元的房产，但他们手上的流动资金却仅有 10 万元，占比略高于 1%。

眼看快要迈进 40 岁的门槛，小唐夫妇也很满足。可天有不测风云，一向健康的唐太太却患了重病，每个月光是住院的治疗费就上万元。唐太太上班时的工资为 6 000 元，自唐太太生病住院以来，她就不能上班了，相当于每个月的收入减少了，而支出却多了上万元。

这时候，小唐发现，自己虽然身家 800 多万元，但能动用的资金却只有 10 万元，而这些资金是支持不了多久的。不得已，小唐只好卖掉自己的一套房产。可等他连续跑了几家房产中介时，发现最近房产行情并不好，卖房反而成了一个难题。小唐也第一次感到了，就算有房产在手，变现也成问题。

小唐夫妇的情况就属于固定资产比例过高。若家庭流动资产的占比过低，家庭中一旦遇到失业、生病、意外等需要大笔资金的情况，就很可能陷入不利局面。因此，合理配置固定资产的比例对一个家庭来讲有着至关重要的作用。

流动性过高

在家庭理财中，通货膨胀率是一个经常被提起的概念，它是一个隐形的财富杀手。通货膨胀率越高，财富的贬值就越快。只有资产收益率超过了通货膨胀率时，才能有效地防止通货膨胀率对家庭财富的侵害。

郭军是一名咨询师，月薪 1.2 万元。但他工作也很忙碌，加班是家常便饭，就算偶尔有一些假期，他也是选择在家补觉度过。因此，他虽然拿着很多人羡慕的工资，却没有时间花销。

工作几年后，郭军查看了一下自己的银行账户，发现自己竟然有了 40 万元的存款。再查看自己每月的花销，发现只有 2 000

元；另外还有 4 000 元的房贷。除此以外，他的钱都存在了银行，只享受着银行储蓄的活期利息。

与郭军相反，公务员胡斌有一些理财意识，也有时间来打理自己的钱财。可他一年的资产收益率不到 3%，与银行定期存款区别不大。理财经理经过审视后才发现，他在资产配置中过于保守，他的理财资金有一半投资于货币市场基金，另外一半投资于债券和债券类基金，而这两种理财产品的收益率只有 2% ～ 3%，都是低收益的产品。

对应我国目前通货膨胀率维持在 2% ～ 3% 的数据来看，郭军和胡斌的财产并没有得到实质性的增加，尤其是郭军，长期如此，其资产还处在一种贬值的状态。他们的这种资产配置方式显然是不合理的，达不到资产增值的目的。

风险投资比例过高

风险投资比例过高是另一种典型的资产配置误区，但实际上有很多人走入了这一误区。有人甚至把日常开销外的所有资金都用在了风险投资品种上，结果一荣俱荣、一损俱损，给自己带来了严重的财务隐患。

张鹏就是一个风险投资爱好者，他只喜欢投资高风险的股票，而且是全进全出，不给自己留任何余地。他认为："风险高，收益就很高，自己还年轻，没什么好怕的。"

这种投资方式一度让张鹏尝到了甜头。但股价突然转入熊市，张鹏投在股票上的资金急剧缩水了 40%，20 万元的股金现在只剩下了 12 万元。

一般来讲，在资产配置的时候，承担一定的风险是必要的，但前提是家庭要通过分散投资的方式将风险控制在不同的理财产品中。通常可以把投资按照风险级别划分成低风险投资、中等风险投资、高风险投资三类，再根据每个家庭对投资风险的偏好进行合理的分配，这样才能有效地降低投资风险，达到资产保本增值的目的。

过度举债

有的人喜欢"提前消费"，总想通过银行贷款来过上更好的生活。然而，过度举债却往往适得其反，反而会让家庭陷入困境。

> 某公司的工程师马欢月收入 1 万元。马欢和女友结婚以后，为了让妻子过上更好的生活，他拿出自己 30 万元的积蓄作为首付，又贷款 90 万元在市郊区购买了一套 120 万元的房产。再加上装修和结婚等，马欢的积蓄花得精光。为了偿还每个月 7 000 元左右的房贷，马欢不得不过着紧巴巴的生活。
>
> 不久，马欢所在的公司为了降低成本提出裁员。虽然马欢一直辛苦工作，但也没躲过被裁员的命运。失业以后，马欢一家收入锐减，每月的房贷就成了摆在他们面前的一座大山。
>
> 3 个月以后，马欢才找到了一份月薪 8 000 元的工作，勉强维持了家庭的支出，但他们每个月的花销不得不一缩再缩。

马欢属于典型的"房奴"。在收入曲线上升的情况下，这也许还能勉强维持，但是一旦遭遇不可预知的突发情况，就可能让家庭入不敷出，甚至财务崩溃。

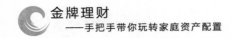
本节小结

本节介绍了家庭资产配置中常见的几种误区，如固定资产比例过高、流动性过高、风险投资比例过高、过度举债等，这些都是不合理的资产配置方式，需要着力避免。

中篇
理财师必备技能

第四章

04

重新审视客户的家庭资产

资产配置需要根据各个家庭不同的实际情况做出不同的决策。在资产配置之前，审视客户的家庭资产是必需的一步，不仅要清楚客户家庭的资产情况，也要了解这个家庭的理财需求和风险承受能力。而且这些信息一定要真实有效，稍有偏差都可能为我们的决策造成重大的影响。

案例引入

　　卢先生一家以前从来没有进行过家庭理财。后来，卢先生发现家庭理财对家庭财产的保值增值确实有着重要的作用，因此他也准备理财。可是对家庭理财概念缺乏深入了解的卢先生不知道如何着手。

　　在理财经理小方的帮助下，他才明白，理财首先要对自己的资产进行分析，制作自己的家庭资产负债表。

4.1 家庭资产状况分析

现在，随着更多新型理财工具、理财产品的出现，理财已经走入了千家万户，家庭资产配置在家庭中也越来越受到重视。资产配置有三个层次：首先是对的资产比例，其次是对的市场，再次是在对的时机投入对的资金。资产配置是家庭理财的基础，是决定一个家庭中长期投资成败的关键。资产配置做不好，就不能最大化家庭理财的效果。

然而听说过家庭资产配置的人不少，但真正了解家庭资产配置的人却不多。于是，帮助客户进行家庭资产配置就成了理财经理的一项必备技能。理财经理科学的服务流程可分为需求分析—理财测评—选择方案—确定方案四个阶段，这其中最基础的就是要对客户的家庭资产状况有个清晰的认识。

一个家庭如果没有合理的资产比例结构，而只是去计较投资的市场和入市的时机，即便投资的能力再强，也有可能最终空欢喜一场。这从很多人单纯地杀入股市最终却历尽辛酸的经历就可以得到证明。

然而，我们可以很明显地看到，现在很多家庭对于家庭资产的合理分配能力非常欠缺，家庭资产分配情况一团糟。理财经理能不能对客户的家庭资产状况做出详细、科学的分析，是让客户日后能否进一步做好资产配置并使其从中受益的先行条件。

我们以两份家庭资产状况分析表为例。

1. 家庭资产负债表

家庭资产负债表　　　　　　　　　　单位：元

	科目	金额	占比	科目	金额	占比
生息资产	金融类 现金及活期存款	264 113.86	23.20%	信用卡透支	—	—
	定期存款	—	—	投资房产负债	—	—
	股票及基金	866 493.92	76.12%	自用房产负债	—	—
	保单现金价值及红利	7 689.30	0.68%	其他借款	—	—
	企业股权 股权价值	—	—	负债合计	—	—
	应收账款	—	—		—	—
	实物 投资性房产	—	—		—	—
	生息资产合计	1 138 297.08	100%		—	—
自用资产	房产	—	—		—	—
	汽车	—	—		—	—
	其他自用资产	—	—		—	—
	自用资产合计	0.00	0.00%	家庭净资产	1 138 297.08	100%
	资产合计	1 138 297.08	100%	负债及净资产合计	1 138 297.08	100%

　　上表是一份职业股民的家庭资产负债表。从表中可以看出，这个家庭没有车子、房子等固定资产，也没有外债。实际上，该家庭的资产配置是非常不合理的，存在高风险。因为该家庭资产的 3/4 都投资于股票及基金，当股市出现系统性风险（俗称"股灾"）时，这个家庭就会遭受巨大的资金损失。

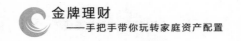

2. 家庭收入支出表

家庭收入支出表（年）　　　　　　　　　　单位：元

收入（税后）				支出（税后）			
	科目	金额	占比		科目	金额	占比
工作收入	工薪	345 024.60	100%	生活支出	家庭基本生活费	82 560.00	23.93%
	独资企业利润	—	—		汽车养护费	—	—
	其他来源	—	—		子女教育费	—	—
理财收入	投资企业分红	—	—		父母赡养费	—	—
	利息收入	—	—		旅游等费用	8 800.00	2.55%
	租金收入	—	—	理财支出	保险费	7 200.00	2.09%
	—	—	—		自用房产贷款本息	—	—
					投资房产贷款本息	—	—
					支出合计	98 560.00	28.57%
收入合计		345 024.60	100%		家庭净储蓄	246 464.60	71.43%

从上表中我们不难看出，这个家庭是一个典型的工薪家庭。家庭中的全部收入来源都是工资。换句话说，如果家庭成员有工作，家庭就有收入；如果家庭成员丧失工作能力，则没有任何收入。但这时支出却依然存在，而且支出只增不减。这个家庭可能是刚刚组建的家庭，没有子女需要抚养，也不用赡养父母；但如果将来有了孩子或者父母年迈需要赡养的时候，开支会一项项如潮水般涌来，让家庭成员应接不暇。因此，这个家庭需要给工资高的成员购买保险，如健康险、意外险等，同时还需要寻找更多的经济来源来增加家庭收入，如进行理财投资等。

【假设】

假设上面两份表同属于一个家庭。随着年龄的增长，这个家庭中的成员突然觉得在北京打工没有房子、没有车子很没有安全感，于是决定在北京买下一套房子。

最终衡量之后，该家庭选择在北京大兴的某一小区买了一套三室一厅的房子，总价400万元，首付30%。为了这套房子，他们花光了积蓄，卖了股票，还向父母借了7万元，最终凑齐了首付。之后又向银行申请了20年期住房贷款280万元，贷款年利率为4.9%。买房之后，之前租房的费用就可以省去了。此时，该家庭的资产负债表和收入支出表就发生了如下变化：

家庭资产负债表　　　　　　　　单位：元

家庭资产				家庭负债		
	科目	金额	占比	科目	金额	占比
生息资产	金融类 现金及活期存款	607.78	0.02%	信用卡透支	—	—
	定期存款	—	—	投资房产负债	—	—
	股票及基金	—	—	自用房产负债	2 800 000	69.86%
	保单现金价值及红利	7 689.30	0.19%	其他借款	70 000	1.75%
	企业股权 股权价值	—	—	负债合计	2870000	71.60%
	应收账款	—	—			
	实物 投资性房产	—	—			
	生息资产合计	8 297.08	0.21%			
自用资产	房产	4 000 000.00	99.79%			
	汽车	—	—			
	其他自用资产	—	—	家庭净资产	1 138 297.08	28.40%
	自用资产合计	4 000 000.00	99.79%			
资产合计		4 008 297.08	100%	负债及净资产合计	4 008 297.08	100%

家庭收入支出表（年）　　　　　单位：元

	收入（税后）				支出（税后）		
	科目	金额	占比		科目	金额	占比
工作收入	工薪	345 024.60	100%	生活支出	家庭基本生活费	16 560.00	4.08%
	独资企业利润	—	—		汽车养护费	—	—
	其他来源	—	—		子女教育费	—	—
理财收入	投资企业分红	—	—		父母赡养费	—	—
	利息收入	—	—		旅游等费用	8 800.00	2.55%
	租金收入	—	—	理财支出	保险费	7 200.00	2.09%
	—	—	—		自用房产贷款本息	277 200.00	80.34%
					投资房产贷款本息	—	—
					支出合计	3 097 600.00	89.78%
	收入合计	345 024.60	100%		家庭净储蓄	35 264.60	10.22%

从表面上看，这个家庭是拥有了 400 万元的固定资产，但实际上净资产还是原来的 1 138 297.08 元，自住房占去了家庭中 99.79% 的资产，保单如果不考虑退保，那么手里的余额就只剩 600 元。相比买房之前，原来每年能存下 24.6 万元，当买房之后每年的存款只有 3.5 万元。此时如果有家庭成员出现生病、离职等情况，也只能自求多福了。

对于大多数家庭来说，理财经理都可以利用上面两份表来给需要的家庭"画像"，明确他们的财务状况，这是进行金融理财的必要前提之一。只有充分认清当前客户家庭的资产情况，才能运筹帷幄，做好家庭"资产配置"前期工作的第一步。

本节小结

本节主要介绍家庭资产状况分析。家庭理财首先要对家庭资产状况有个清晰的认识，通过家庭资产负债表可以明确家庭财务状况。

4.2 家庭与风险的承受力

我们在平时可能会遇到这样的情况：当银行要求投资理财的家庭填写一份"风险测评"时，很多家庭只是敷衍了事，并没有真正去理解"风险测评"的意义。

风险是投资的副产品，正如"股市有风险，入市须谨慎"这句警示语一样。风险包含危险和机会两方面的含义，危险会降低收益，而机会则会增加收益。在投资类的产品中，高风险产品必定有高的收益，低风险产品必定只有低的收益，这是投资的"金科玉律"。

风险广泛存在于家庭理财的产品之中，并且对投资家庭财务目标的实现会产生重要的影响。虽然很多家庭都怕遇到风险，但实际上风险总是客观存在的。就连最保值的储蓄，如果通货膨胀率为 3%，若将 1 万元存入银行，20 年后它的购买力就会只相当于现在的 54%；如果通货膨胀率达到 15%，20 年后它的价值甚至趋近于 0。所以，投资有风险，但不投资也会遭遇通货膨胀、资产贬值及生活质量下降的境况。

可能有人会问，既然投资有风险，不投资也有风险，为什么还要去投资呢？这是因为风险是伴随着收益的，风险会带来危机，也会带来机遇。

一般家庭在进行投资时，都会注意规避风险。当报酬率相同时，人们会自然地去选择风险较小的项目；而当风险率相同时，又会自然地去选择报酬率较高的项目。理财产品是高风险伴随高收益，低风险伴随低收益，否则就没人投资。面对这种情况，理财经理在帮助家庭进行资产配置时，须注意两点：一是这个产品的报酬是不是高到值得冒险；二是这个家庭对于风险的承受力如何。

所谓风险承受力，就是一个人能承受多大的风险，在何种投资损失内才不会影响他的正常生活。任何一个家庭都有风险承受的限度，即风险承受力。超过了这个家庭的风险承受力，投资势必会变成一种负担，会对家庭投资者的心理、身心造成伤害。毕竟，过度的风险是会给家庭带来忧虑的，而忧虑又会影响到家庭生活的各个方面，得不偿失。因此，在帮助客户进行投资时，一定要让他们明确自己的风险承受力。

一般来讲，每个人对风险的态度都是不一样的。有的人激进，有的人保守，还有的人介于二者之间。激进的投资者会选择高风险的产品，以期获得高利润；保守的投资者则愿意去选择风险低的产品，以免损失过巨；中间型的投资者则更愿意承担部分风险，以求高于平均水平的获利。

现实生活中，有很多人不清楚自己的风险承受力和风险偏好。理财经理在与客户进行交流的过程中，应该有意识地对客户进行评价，判断客户属于哪种类型的投资者。

一般来讲，教育程度、年龄、性别、婚姻等都会影响一个人的风险承受力。同一个人在不同的时期也可能表现出不同的风险承受力。风险承受力的影响因素和影响结果如下表所示。

影响风险承受力的因素及结果

影响因素	影响结果
财富	一般财富越多的人风险承受力相对越高，但对财富的多少不是绝对性的因素。有的人的风险承受力就不会随着收入的增加而增加。另外，财富的获得方式也会影响人们的风险承受力。财富继承人和财富创造者相比，财富创造者的风险承受力一般会高于财富继承人
教育程度	通常，人们的风险承受力会随着教育程度的提高而增加
年龄	一般来讲，年龄越大，风险承受力越低
性别	有研究表明，年老的已婚妇女比丈夫更不愿意承担风险，但年轻男性和年轻女性对风险偏好的差异性却很小

影响因素	影响结果
出生顺序	一般来讲，长子或长女会比弟弟、妹妹更不愿意承担风险
婚姻状况	未婚者的风险承受力可能高于已婚者，也可能低于已婚者，主要在于是否考虑了已婚者双方的就业情况和经济上的依赖程度
就业情况	一般来讲，风险承受力会随着专业知识和熟练程度的增加而增加

此外，也可以通过客户平时的投资倾向来判断他们是什么类型的投资者。如果客户平时喜欢投资股票等风险品种，而不太在意国债、储蓄等，他们很可能是激进型的投资者；反之，如果他们平时多选择国债、储蓄等理财方式，他们必然是保守型的投资者。

但是，风险承受力并不是全部根据客户的上述性质来确定的。理财经理还需要考虑客户自身的客观因素，比如这个家庭的收入、开支、待抚养的子女、待赡养的老人等。即便他们平时的投资是激进型的，但如果他们的现实情况并不允许他们去承担风险，就不能单纯地让他们依赖于投资股票等高风险型的产品，而必须以保守型的方式来进行投资；如果他们是高收入型的家庭，本身抵御风险的能力就比较强，即便他们是保守型的投资者，也可以让他们尝试一些高风险型产品的投资。中等收入的家庭则以采取中等收入的投资组合为佳。投资最忌的就是盲目跟风，理财经理一定要让客户明白这一点，让他们根据自己的实际情况进行相应的选择。

因此，在考察客户的风险承受力时，必须结合他们的投资性格及客观情况综合衡量。不过，不管一个家庭的总体情况如何，在投资时都应该要遵循以下三个原则：

1. 在同样的时间或是面对同一种投资时，要想完全规避风险是不可能的；

2. 要想获得预期的回报，就必定要承担相应的风险。

3. 如果可能，最好在年轻的时候考虑承担风险，年老后就已经不能承担风险了。

因此，对于只想到投资赚钱的家庭，一定要让他们具备一定的风险意识。孙子曰："知己知彼，百战不殆。"理财经理只有帮助客户客观理性地衡量自己，让客户清楚知道自己的风险底线，才不会让投资成为一个家庭的沉重负担。

本节小结

本节主要介绍家庭的风险承受力。一般来说，每个家庭对于风险的承受力都是不一样的，理财经理需要测评每个家庭的风险承受力，并提出能让家庭接受的理财方案。

4.3 编制家庭财务收支计划

如果说理财有如航海，需要找到连接自己位置和目的地的方法，那么实现这个目的的工具必定是罗盘。理财经理如果能有意识地让一个家庭将理财的过程如家庭收支、投资标的的涨跌、经济市场的变化，以清楚而又规律的方法记录下来，就等于是握稳了罗盘，找到了航行的方向。

理财经理在帮助一个家庭衡量其家庭资产状况之后，就要使家庭有意识地养成记账的习惯。让家庭自己掌握自己每天的现金流，追踪自己的财富流向了何处，并在此基础上制订好预算，合理安排资金的使用。对于现金流的记录能使家庭更好地分析资金流入与流出的变化，随时清楚自己可以动用的资金数额、掌握自己的投资成效等。

小钟刚毕业那会儿可谓是一个"月光族"，可没两年她却变成了一个"有产族"。这除了她在工作上的努力让收入有大幅度的提高以外，还得益于她及早地用记账的方式培养了自己的理财习惯。

小钟记账是受同事影响的，她在听到同事说用记账的方式把自己收入的70%都变成了积蓄之后就颇有启发，于是自己也积极地记起账来。记账以后，小钟很快发现了其中的乐趣。现在，她每天都会把收支的情况清清楚楚地记录在账本上，并且随时加以分析。小钟将那些可有可无的花销去掉以后，不但积蓄增多了，反而还可以有计划地购买一些"奢侈品"。同时，通过分析，小钟将自己每月的花销严格控制在 3 000 元以内。通过这样强制性地攒钱，小钟第一年下来就有了 5 万元的积蓄。并且她还发现，通过记账，自己的生活质量不仅没有下降，反而有了明显提高。

记账满一年后，小钟将自己的积蓄取出，按照理财经理的建议全部购买了货币基金，使她在理财的路上走出了坚实的一步。之后，小钟又慢慢开始接触基金、股票，并在理财经理的帮助下科学合理地操作。不久，小钟的财富就有了显著的增长。

在家庭中，每一个家庭成员都应该像小钟这样做一本个人账目，再由某一成员汇总成家庭的总账目。

家庭账目首先要统计的是家庭的实物财产，如房产、家具、家电等，可以只做数量上的统计。

其次是做好家庭的收入统计，即各种纯现金的收入，如薪资所得、租金所得等。这一部分相当于一个家庭每月可实际使用的钱。

再次是做家庭的支出统计，这是较为复杂的一步，应对每一个类目进行区分，使得每一笔钱的流向都变得清楚明白。包括每月固定性的支出，如房租、按揭的还款、各种固定金额的保险费等；必需性的支出，如水、电、气、网、物业费等；生活费的支出，如柴、米、油、盐等；教育支出，如家人学习的费用；疾病或医疗支出及其他。除忠实地记录每一项支出之外，最好也要将支付的方式，如刷卡、付现、借贷等，一一记录在册。

为了帮助家庭记好账，家庭成员需要收集好凭证单据。日常消费中，家庭成员要养成索取发票的习惯，拿到发票后，记录消费的时间、金额和品名，没有品名的单据要做好备注。银行扣缴单据、捐款、借贷收据、刷卡签单及存提款单据都要妥善保存。收集来的单据最好放在固定的位置，并按照衣食住行等分门别类，方便记录和核对。有的家庭可能认为缴费的单据不能报销，留着也没什么用处，其实保留这些单据除证明缴纳的费用以外，也能根据缴费明细查找开支中有没有超支，从而调整家庭的消费支出，做好现金流的把控。

有了第一个月的收入支出明细表，家庭便可编制未来的收支预算。如果前一月某一项消费远高于平均比例，在下一月便可适当地进行节减。但是理财并不是为了控制消费，而是要让钱花得实在明白。除每月正常的收支外，还需要为自己预存一部分紧急预备金，以免突然出现特殊情况使自己陷入财务困境。

同时，要将生活和投资的账户分开设立。例如紧急预备金便可以单独放进活期的储蓄账户，这部分资金无论在何时也不可进行投资活动。

至于投资的资金，则可以从每月的收入减去预算的支出而得，但在进行预算时要尽量地放宽。集中于某月支付的大额支出，如季付的房租应提前几个月就列入预算之中，并在收入中提前予以扣除，存入生活账户。

投资账户也可依据投资的产品分开设立，如银行定期存款账户、银行国债账户、保险投资账户、证券投资账户等，以方便自己在投资过程中随时检视。

除此以外，也可编制一本自己的"投资日记"，每天花上20分钟查阅报刊电视的财经新闻，了解最近投资界的动态，并循序渐进地了解这些财经新闻对投资行为产生的潜在影响，以利在后续的投资中随时调整方向或策略。

如果实在懒得记账，又想控制支出，那也可以固定每周的可花费金额，例如家庭月收入的10%等，剩下的再作理财或储蓄之用。

对于一个家庭来讲，如果没有持续的、有条理的、准确的收支记录，也没有对每一项收支记录根据自己的实际情况进行解析，理财的目标是不可能实现的。做好了收支记录，也就等于能随时衡量自己的经济现状，并能有效地改变自己的理财行为，研究出自己为达到理财目标所需要采取的步骤和行动。

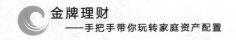

本节小结

本节主要介绍编制家庭财务收支计划。首先统计家庭的实物财产；其次家庭要学会开始记账，做好收入和支出的统计，收好凭据；最后是要将生活和投资的账户分开设立。

第五章

05

明确客户的理财目标

家庭有别，理财目标也会有所差别。有的人理财是为了自己的居住投资规划，有的人是为了子女的教育，有的人是为了自己的养老保障，有的人则是兼而有之。而理财经理的重要职责之一便是按照这些家庭的理财目标，为家庭做出合理的理财策略和资产配置。

案例引入

　　钟先生一家人在宁波工作。钟先生今年 30 岁，是一名国企工作人员，每月薪资 8000 元，在单位购买了"五险一金"。钟太太 28 岁，在一家私营企业做会计，每月薪资 5000 元，也在单位购买了"五险一金"。夫妇育有一子钟月，今年 3 岁，一家人每个月的花销是 4000 元。钟月快上幼儿园了，每月的支出将会多出 1000 元。夫妇俩现在有 10 万元的存款，没有房子，也没有进行理财活动。

　　但是钟先生打算两年内在宁波市内购买一套 100 万元的住房，还想给太太和孩子购买保险。以两人现在的情况，两年后的收入减去支出所得，加上存款，还不够支付购买房子 30 万元的首付。

　　钟先生为此很苦恼，找到了理财经理小马，希望他能给自己支招。

5.1 制定切实可行的理财目标

家庭理财并非一朝一夕之功，它是一个长期的过程。而在整个家庭理财规划中，理财目标又是其中的基础。

理财目标极为重要，确立理财目标以后，行动就成功了一半。"万丈高楼平地起"，有很多有经验的人说，人生中第一个 100 万元比 200 万元还要难存，而这第一个 100 万元就是通向财富大道的基石。

理财目标既要合情合理，又要切实可行，必须忠实于目标制定前的家庭资产情况，需要理财经理深思熟虑和反复推敲，执行起来才能既有压力也有动力。可以说，好的理财目标不是随便就能拟定的。

选择一个理财目标，实际上也是在选择一个家庭投资理财的通路。

每个家庭都应该确立一个周密细致的理财目标，这也是家庭理财成功的关键之一。理财有如航海，参与者必须知道自己身在何处，又将去往何方，并从中找到连接这两个点的方法，而且要随时检视自己的方法有无偏差。

设立目标首先要明确目标和愿望的区别。一个家庭往往会有很多愿望，如换一座大的房子、退休以后过上更好的生活、送孩子去国外读书等，这些其实只是愿望而已，不能称其为理财的目标。

理财的目标有两个基本的特性：

一是其结果可以用精准的货币数额来计算，是可以度量的。例如希望 5 年后在某市中心购买一套 80 平方米的新房，将购房资金换算成具体的金额，预估为 200 万元。

二是有实现它的最后期限。例如每个月给家庭存 2 000 元养老金，收益作为退休后的养老金，争取 15 年后家庭可以拥有 50 万元。这个目标既有可度量的数据，也有实现它的最后期限。

在指导家庭设立理财目标时，可以让家庭首先把自己的愿望和目标都写下来，不论是短期的，还是中长期的。最好是将家庭成员都邀请过来，一起写下自己的愿望和目标。当然，这其实也是一个较好的家庭交流的机会。

其次，家庭管理者或投资主导者需要审视家庭成员列举出来的每一项目标，对于不切实际的目标应予以排除。再把符合实际的目标转化为可以实现的、能用具体金额来度量的目标，并按照时间的长短、优先级别进行排序，确立家庭基本的理财目标，也就是那些占比较大的、时间较长的项目，诸如养老、子女教育、购房、购车等。

再次，再将目标分解和细化，使其合乎实际的理财计划。例如每月需要存下多少钱、每年要达到怎样的投资收益等。那些不可能一次实现的目标尤其需要分解和细化。此外，要先有初级目标，再有次级目标，如此才有投资理财的具体方向。

当然，对于理财目标的设立，也必须要兼顾家庭的资产状况和风险承受能力。只有与这些因素相适应的目标，才能确保其可行性。

最后，还可以通过仿真分析来看看客户的目标是否正确，这就相当于表演前的"彩排"。如果发现目标有偏差，就要及时进行调整。例如一个家庭想要在 5 年后购买价值 200 万元的房产，如果不考虑房价的上涨率和首付的政策变动率，那这个家庭就需要准备 60 万元的首付款。如果这个家庭现有资产 37 万元，且将这部分资产用作投资，每年获得 10% 的收益且滚动投资，那这个家庭的首付款目标是能够达成的。而如果这个家庭的现有资产不足 37 万元，那按照此种方式计算，该家庭 5 年后仍不能达成房屋首付目标，这时就需要考虑通过提高储蓄额、下调目标期望值或延长实现目标的期限来调整目标达成的方式。

在制定了最终的理财目标以后，就要向着目标的方向前进。日本商界奇人井户口健二曾经这样说过自己发财的秘诀："即使制定了宏伟的目标，我也很注意实现，注意它的阶段性，将它分为若干层次，限定在某段时间内达到某个层次。也就是说，我的每个大目标都包含若干个小目标，这样从整体上看只有下大工夫才能完成的宏伟工程，可是从局部上看，它确实由若干个轻易完成的小工程组合而成的，只要分阶段一个个完成，那实现整体目标就顺理成章了。一句话，制定好了目标，就一定要有条不紊地去实现。"

因此，理财经理在为客户定下目标后就要有所坚持。当然，坚持也是一柄双刃剑，有的人由于坚持而投资成功，有的人却因坚持而投资失败，这还是目标制定的问题。如果我们一开始就制定了正确的目标，那坚持就是成功的基础，但一开始定下的目标也需要在后面的实现过程中视情况而变，如果发现目标不合理，就没必要一意孤行。

本节小结

本节主要介绍理财目标的重要性，理财目标是家庭理财的基础，但这个目标并不是胡乱制定的，而是一定要根据家庭的实际情况做到切实可行、可度量、有实现它的期限。

5.2 家庭居住投资规划

购房是每个家庭都会经历的过程。通常来讲，购房对于一个家庭来说也许不是规划中涉及财产数额最大的一种，但必定是时间最短的一种。从打算买房到最终买房，一个家庭的缓冲时间可能也就 5 年左右。

在这么短的时间内，为买房积累资金也是压力最重的一种。购房以后，家庭未来二三十年的现金流也会受到影响。所以，理财经理需要对一个家庭的购房策略做出合理的规划。

在对房屋的需求上，通常有租房和买房两种方式。在财力不足的情况下，有很多人会选择租房；也有些家庭会痛下决心买下一套房子，之后却成了受苦受难的"房奴"，那买房和租房哪个更划算呢？

其实，买房和租房都是居住的规划。一个家庭对自己拥有房产的迫切心理和他们对未来房价的预期会影响其买房和租房的选择。因此，在同一标的物可租又可售时，不同的家庭可能就会在买房和租房之间做出不同的选择。

对于是买房还是租房，我们可以用年成本法和净现值法来进行计算。

年成本法

我们先明确居住成本的概念。一般来讲，购房者的居住成本是首付款占用造成的机会成本和房屋贷款利息，租房者的居住成本则是租房成本。

张先生相中了一套100平方米的房子，这套房子可以出租也可以出售。如果出租每月租金3 000元，押金为3个月房租。如果购房，该套房售价80万元，首付30万元，可以获得利率6%的50万元房屋抵押贷款。假设押金与首付款的机会成本是一年期存款利率的3%，我们即可对每年的租房和购房成本进行如下计算。

租房：$3\,000 \times 12 + 3\,000 \times 3 \times 3\% = 36\,270$（元）

购房：30 万 $\times 3\% + 50$ 万 $\times 6\% = 3.9$ 万（元）

从计算结果可知，张先生如果租房，每年的居住成本要比购房少3 000元左右，似乎更为划算。

但这只是一个理想化的概念。毕竟房租的价格在几十年中不可能是一成不变的，现在每月3 000元的房租以后就可能涨到每月5 000元，因此居住成本随时有加大的可能。而如果购房，每年的居住成本基本是不变的，因此只要张先生未来的房租上涨幅度超过了7.6%，购房就比租房更为划算。

此外，房价还有上涨的潜力，只要张先生相中的房子在未来的5年内上涨了2%，那购房也比租房划算。另外贷款利率也可能做出调整，当贷款利率降低时，张先生购房的居住成本也可能会低于租房的居住成本。

净现值法

净现值法是指在一个固定的期限内，将租房和购房现金流量还原成现值，然后比较现值的高低，现值低者较为划算。

李先生看中了一套可租可售的房产。如果租用，每月租金3万元，押金为3个月租金。若是购买，该套房总价800万元，首付300

万元，利率仍是 6%，可获得 20 年 500 万元的房屋抵押贷款。如果李先生在这里居住 5 年以上，租金每年将会上涨 1.2 万元，同样以 3% 作为机会成本计算可得：李先生租房的现金流量现值是 1 767 725 元；若购房，如果 5 年后房屋价格上涨至 810 万元，则其现金流量现值是 2 498 258 元。在这里，购房就不如租房划算，只有房价在 5 年后上涨至 895 万元以上，购房才能优于租房。因此可以看出，一个家庭在一个地方居住得越久，购房普遍会比租房划算。

在对租房和购房进行了比对以后，如果一个家庭决心要购买房产，就得对购房有一个清晰的规划，要确定家庭能够负担的房屋总价、单价和区位。

住房有很多类型，如经济适用房、现房、期房、新房、二手房、海景房等。在帮助家庭进行居住规划时，理财经理必须根据该家庭的储蓄、可获得的各类贷款以及向亲友借款等因素来估算他们的实际购买能力，最终确定所要购买的房屋类型、面积和价位。

一般来讲，一个家庭应该购买多大的房子取决于这个家庭的人口数和对居室舒适度的要求。如果一个家庭的成员每人拥有 50 ～ 80 平方米的居住空间，就可以获得比较宽敞舒适的生活。例如三口之家，最理想的居室规划是四室两厅，150 平方米的居室。

此外，对于房屋所处的地段、外部环境和交通环境等也要仔细征询投资家庭的意愿。区位和大小是决定房屋价格的关键因素，一般区位生活越佳房屋的价格越高，面积越大价格也会越高。综合考虑一个家庭的总负担能力和可接受的居住面积，就应选择住得起的地区。同时，还要帮助投资家庭在交通所需油料、时间成本及房价的差异所产生的利息成本之间进行权衡。

在对购买房屋有了概念以后，就要尽量将家庭的需求变为具体的可量化的数字。例如，一个家庭看中了北京市南四环一处70平方米的两居室，该房的市场价是270万元。这个270万元就是此次居住规划的具体数字。

之后，理财经理要确定怎样为投资家庭达成这个目标。如果时间期限是5年，就要预判这段时间的通货膨胀率和房屋价格的上涨率等情况。在进行仔细分析之后，如果能通过储蓄和投资帮这个家庭达成目标，就是切实可行的居住规划。而在居住投资的规划中，为了保证资金的预期目标，最好是选择一些稳健性的理财品种，债券类产品和固定收益类产品是较好的投资标的，投资家庭也会更看重这部分资金稳健的收益。毕竟谁都不愿意看到自己的购房资金在几年后仍然只有那么多、甚至缩水，而具有稳健特质的投资产品，才能有效地帮助家庭置业者在目标期限内实现购房的愿望。

同时，在为投资家庭做居住规划时也不能忽略了家庭的首付能力和还款能力，要精确地知道这笔金额是否会超出一个家庭的承受能力。

> 罗先生现有存款20万元，每年会有5万元的储蓄。他目前看上了一个期房项目，房屋总价100万元，签约款、工程款和贷款的比率分别是15%、15%和70%，工期为3年。在这个案例中，罗先生手上的20万元在支付完签约款15万元后还剩余5万元，而他在工程期内每年要支付的工程款则可以用每年5万元的储蓄来进行支付。交房后，罗先生要缴纳贷款70万元，假设利率为6%，贷款20年，他每年要偿还房贷6.1万元，这看起来要比他每年5万元的储蓄多，似乎超过了罗先生的支付极限。但是，罗先生还有之前缴纳签约款后剩余的5万元可以补充前5年的不足，再加上工期有3年，因此就有8年的时间，这都可以通过收入的增加和储蓄率的提高来使年储蓄额成为可能。实际上，罗先生每年只需要增加1 375元的储蓄就可以办到，因此他的购买力还是没有问题的。

不过，案例中罗先生在购房以后，自己也没有了现金流，这对以后的生活会造成很大的影响。通常，理财经理可以通过银行房贷的利率计算公式，计算出一个家庭购房后每月需偿还的贷款金额，并与这个家庭的预计收入进行比较，衡量二者的比值。一般来讲，房屋月供款的比例不应超过家庭税前月总收入的 25% ~ 30%；所有房屋月供款的比例应控制在家庭税前月总收入的 33% ~ 38%。另外，家庭贷款购房的房价最好在家庭年收入的 6 倍以下，贷款期限以 8 ~ 15 年为佳。

此外，有的家庭现在有住房，但是有换房的打算。这种情况理财经理也必须为投资家庭做好规划。例如，高先生原有市值 50 万元的旧房，打算购买一套市值 100 万元的新房，该房首付 30 万元，可贷款 70 万元。如果高先生先买后卖，再如果旧房没有房贷负担，高先生就可以用旧房进行抵押，贷款 30 万元用作新房的首付，等到将旧房卖掉以后，再来偿还这笔抵押贷款。同样是先买后卖，如果高先生的旧房还有 20 万元房贷，并且很难再增加贷款，这时就需要高先生自己有足够的储蓄，或是能借到 30 万元首付，都不如先卖后买稳健。因此，高先生换房还是应该先卖后买。

本节小结

本节主要介绍家庭居住投资计划。家庭要根据需求来分析租房和购房计划。购房包括刚需住房、换房和投资购房等，但不论是哪种购房形式，都要有一个清晰的规划。

5.3 子女教育投资规划

现代社会的竞争越来越大，家长当然都希望为自己的孩子提供最好的教育。子女教育投资不但可以提高人的文化水平和生活品位，还可以让子女在激烈的竞争中占据有利的位置。但是，要从什么时候开始投资教育、应该采用什么理财方式，这是很多家庭都不太了解的。

多年前，北京某报曾经报道了上海社会科学院社会学研究所徐安琪的《孩子的经济成本：转型期的结构变化和优化》的调研报告。报告显示，从直接经济成本看，0～16岁孩子的抚养总成本为25万元左右。如估算到子女上高等院校的家庭支出，则高达48万元。

另外，国家统计局发布的统计年鉴显示，自2000年以来，我国居民的人均收入增长为9.2%，而家庭教育的支出却年均增长了20%，这部分支出比重已经占到了家庭总收入的1/3。

综上所述，家庭为子女做好教育金的规划尤为重要。一般来讲，在帮助投资家庭做子女教育规划时，要遵循"宁松勿紧，宁多勿少，宁早勿晚"的原则。

宁松勿紧，是指家庭在为子女做教育规划时，可能会因为子女的兴趣方向出现偏差。例如，孩子在小学、初中时，其性格和发展方向都没有定型，因此家庭要以较为宽松的角度准备教育金，以应对子女未来可能的较大额资金的使用。

宁多勿少，是指在家庭为子女做教育金的规划时，要尽可能地考虑周全，把各种可能用到资金的情况都要想到，准备出足够的教育金，以免子女受教育时出现捉襟见肘的情况。

宁早勿晚，是指要尽早为子女的教育做好准备。有的家庭在做规划时，子女的教育金和自己的养老规划几乎是重叠的，这其实并不合适。为了避免因为注重子女教育金而忽略了自己的养老规划，最好是对子女的教育金早做准备，并与自己的养老规划形成一个"时间差"，才能做到二者兼备。

理财经理在为客户家庭做子女教育投资规划时，其步骤应为：了解客户家庭成员及财务状况→确定客户对子女的教育目标→估算教育费用→选择适当的教育规划工具→制订子女教育规划投资方案→定期和及时调整规划方案。

其中，了解客户家庭成员及财务状况，可以通过编制财务报表的方式进行。对子女的教育目标可有硕士、博士、留学等多种选择，选择不同，所需的费用也有所差别，理财经理需要估算的有当前子女高等教育所需的费用、学费的成长率等。

子女的教育是一个长期的过程，有三个阶段是资金需求最多的，分别是婴幼儿教育、本科教育和留学教育。

婴幼儿教育

婴幼儿的教育也是一个家庭支出的"重头戏"。一般孩子在 4 岁时，家庭会进入一个教育资金高支出期，在此之前家庭就只有 3 年的时间来积攒这部分费用。如果要从理财的角度来看，就不应给投资家庭选择那些高风险的产品，以免投资家庭的本金遭受损失，毕竟一旦本金受到了损失，孩子的教育就会受到影响。

因此，具有稳健收益的理财产品可为此期教育投资的首选，例如债券等，在保障本金安全的情况下也能获得较为稳健的收益。此外，也可以选择银行短期理财产品来满足稳健收益与灵活性的要求。

教育保险也是需要考虑的部分。可以让家长选择购买可豁免保费的教育保险，通过这种保险形式来为子女筹措一定的教育费用，教育保险有强制储蓄的功能。同时，一旦家长发生意外，保险公司就会代替投保人缴纳保费，保单原有权益维持不变，孩子除免交保费外，还能够获得一份生活费，使子女的教育费、生活费都有着落。

> 张军先生为刚出生的儿子张辉投保了 5 万元的教育保险，每年缴纳保费 2 950 元，持续 18 年。到了张辉年满 18 岁以后，一直到 21 岁，每年就可领取 15 000 元的高等教育金。如果在此期间，张军先生不幸发生了意外，不能再照顾张辉，张辉到 21 岁时仍可每年领取 2 500 元的生活费。

家庭在负担婴幼儿阶段的教育时，除了教育支出，也要做好现金流的管理，毕竟此时期还要为子女下一阶段的教育资金做准备。对于年内要动用的教育经费，可采用零存整取的储蓄方式进行，这样即便中途取现也只是利息打折，本金不会受损，也没有违约赔偿风险。

本科教育

随着我国高等教育的日益大众化发展，大学本科教育将成为大多数家庭为子女选择的教育形式，相较于以前的教育阶段，此期家庭教育资金的支出更大，但它的准备期也较长。理财经理可以帮助投资家庭根据实际情况确定此期的教育金总额，再将这笔资金按照目前的投资收益率来折现，并将现值与每年的投资金额做比较，如果现值大于目前可以动用的资金总额，则证明客户家庭的投资金额不足，应加大储蓄的力度，或者是考虑采用何种资产配置方式达到目的。一般来说，定期定额的投资策略比较适合于子女本科教育金的规划，即投资家庭通过指定的投资产品销售机构提出申请，与机构约定每期的扣款日、扣款金额、扣款方式和所投资产品的名称，由销售机构在约定的日期在投资者指定的银行账户内自动完成操作的投资方式。

留学教育

留学也是现在很多家庭为子女选择的教育方式之一。有此计划的家庭都需要为子女准备较为充足的资金，不过留学教育金的使用并不急迫，因此收益率较高且在家庭风险承受范围内的理财产品可作为备选。

现在很多银行都推出了留学金融服务，为客户家庭提供了全面的服务，已经能够满足不同家庭的多样需求。

对家庭来讲，教育储蓄也是一个不错的方式。教育储蓄的优点在于执行整存整取的优惠利率，且免征利息税，收益率相对较高，而且参加教育储蓄的学生也可优先办理助学贷款。其存期有一年期、三年期和六年期三种，可尽量让家庭选择三年或六年期的教育储蓄存款。毕竟，这样子女从接受义务教育过渡到非义务教育的费用不会一下子增加到让家庭难以承受的程度。因此，最好不要选择与子女结束义务教育时间相同的存期。

总的来说，如果家庭的子女很小或还未出生，此期教育资金的支出还不多，可以选择较为积极的投资方案，如以股票、股票型基金和储蓄型保险产品相搭配；随着子女年龄的增长，教育资金的支出逐渐增多，就可以考虑逐步减少股票类风险型产品的比重，加入平衡型基金和保本保息的银行理财产品，增加资金的安全性和流动性，不要盲目追求收益率；对于需要一次性大额支付的教育资金，就要考虑投资期限的合理配合，以避免因资金的流动性而造成障碍。

另外，对于客户家庭子女教育金的规划最好每年做一次评估，及时进行调整，以满足可能发生的各种变化的需要。

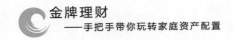

本节小结

本节主要介绍子女教育投资规划。不能让子女输在起跑线上是现如今许多家长的想法，而做好教育金规划就显得尤为重要。理财经理要按照以下步骤为家庭进行子女教育投资计划：了解客户家庭成员及财务状况→确定客户对子女的教育目标→估算教育费用→选择适当的教育规划工具→制订子女教育规划投资方案→定期和及时调整规划方案。其次就是教育金的资金计划最好根据实际情况进行定期调整。

5.4 家庭养老投资规划

　　每个人都会衰老，但肯定没人愿意因为衰老而降低自己的生活水准；每个人都希望长寿，但肯定没人愿意因为自己长寿而出现了财务风险。

　　或许有人认为，年老以后还有退休金、养老金等收入，可以不必为养老操心。但实际上，养老金、退休金远不能满足家庭养老的需求。

　　　杨某今年40岁，有家庭存款100万元，年净收入15万元。假如他在60岁时退休，假如他的寿命是85岁。现在，杨某全家每月的花销约为1.2万元，全年开销即为14.4万元。假如他退休后的生活开支变为现在花销的80%，那一年的花销是11.52万元。不过，如果考虑通货膨胀的因素，现在的11.52万元在未来可能已经无法购买到相应的所需品了。假设每年的通货膨胀率是4%，那么现在的11.52万元的购买力相当于20年后25.24万元的购买力。这样的话，杨某退休25年，其花费将会达到631万元，扣掉他100万元的存款，竟然还有531万元的资金缺口。这么大的资金缺口显然是养老金、退休金无法弥补的。

　　据北京市人力资源和社会保障局的数字显示，2016年北京每月人均养老金的水平是3050元。显然，这3050元只能应付基本的生活开销，稍有意外，老年人就可能陷入财务困境之中。

可见，合理的家庭养老投资规划是要在国家基本的保障体系之外，为自己储蓄足够养老的资金，才能让自己过上幸福的晚年生活。正所谓"兵马未动，粮草先行。"及早拟定退休后的生活方式、财务目标等，对自己的晚年生活才会越有利。从理财的角度来看，也是投资的时间越长，复利才会越大。

同样的一笔养老费用，如果从 20 岁开始规划，按 60 岁退休来说，那这笔费用可以分摊 40 年，每年的支出并不算多，就好像是一个人在轻装前行，能够轻松到达山顶。但如果 40 岁时才开始规划，就只有 20 年的准备时间，每年的支出将会翻一番，再加上 40 岁时生活负担的加重，升职加薪的难度加大，一个家庭势必面临更大的考验，这就如同背着沉甸甸的重物前行，只有使尽力气才能爬上山顶。而如果 50 岁才开始规划，就很有可能被更沉的重物压趴。举个简单的例子，假设一个人在 62 岁时退休，退休后需要 100 万元的养老金，如果不考虑养老保险、企业年金等，只是从时间的角度来考虑，如果他从 20 岁时开始准备，每月只需要积攒 85 元即可；如果从 30 岁开始准备，每月则需要积攒 284 元，要是 40 岁才开始准备，每月就需要积攒 1 000 元了。

因此，养老规划需要从最终的需求往前推，综合计算客户家庭的养老情况。

对于退休年龄，通常情况下男性是 60 ～ 65 岁退休，女性的退休年龄可能更早一些。现代社会节奏很快，退休以后日常收入大幅降低，对家庭的生活质量和水平都会造成影响。因此，在进行家庭养老投资规划时，首先要根据客户的自身情况，给客户提出一个合适的退休年龄的建议。

同时，在考虑家庭收入的情况下，也要对客户家庭退休后的生活质量和生活方式做出评估和安排，一方面要尽量维持较好的生活水平，一方面又要根据客户的实际情况，安排合理的生活方式，不能盲目追求超标准的生活。

在为客户制订养老金规划时，所列举的项目应该足够详细，并根据这些不同的项目计算出大概所需的费用，最后制定一个可量化的养老金额，并将这个养老金额和客户家庭养老金的收入对比，计算出一个养老金缺口，从而做出合理的资产配置。

合理的养老规划应该能够保证家庭在年老时能获得足够的、可持续的现金流，使收入和支出达到大体上的平衡，不至于因出现意外情况使养老支出捉襟见肘。当然，在做养老金规划时也必须考虑风险。一般来说老年人风险承受度较低，不能给他们选择风险系数较高的产品，最好以稳健型的产品为主。

我们可以将养老规划的人群分为两类：一类是收入保障稳定的群体；一类是收入与保障皆不稳定的群体。

对于收入保障稳定的群体，其养老金的自有渠道可能比较完善，既有社保养老金保险，又有企业年金保险，这些养老保障可以应对一般的养老支出，养老缺口并不算大，要做的就是必要的资金补充，以在晚年过上更为富足的生活。这类人群比较容易接受储蓄养老的方式，然而储蓄虽然稳定，安全性和流动性也都很高，但收益率实在是很低，也不能有效地抵御通货膨胀，这时就可以选择适合这类家庭的商业保险。这部分人群的风险承受力相对也较高，在选择保险时，也可选择一些投资型的养老保险，如有分红功能的商业养老保险等。

商业养老保险是寿险的一种特殊形式，从年轻时即可定期缴纳保险费用，在合同约定时间到期后，便可定期领取一定金额的养老金。个人商业养老保险主要分为两种，一种是固定利率的养老保险，一种是分红型的养老保险。分红型的养老保险与保险公司的收入成正比，保险公司的收益增加时，被保险人的红利也会随之增加。

收入与保障皆不稳定的群体可能都没有为养老金做打算的资本，因此不妨给他们配置合理的投资渠道，例如股票、基金、黄金等，来分散风险，获取回报。以投资来获取养老金的方式追求的不仅是高额的回报，更应该是稳健的收益，比如投资基金时就可采取定期定额的策略来分散风险。

现在，各家金融机构基本上都推出了各式各样的针对退休规划的理财产品，理财经理应该根据客户的实际情况做出合理选择，在规划之后要定期做出检视，随时根据客户情况和市场环境的变化做出调整。毕竟退休后的生活安排如果与退休前的生活方式差距太大，是很难让人接受并适应的。

对于那些已退休的老年家庭，理财经理可以为他们制定一些合理的理财策略。对于有退休金的老人，可以让他们按月将余钱存为一年定期存款，这样每年都有12张存单，不管哪一个月需要用钱，都可以取出当月到期的存款备用。如果不需要用钱，还可以把到期的存款、利息和手上的余钱继续转存为一年定期。对于没有子女的老年家庭，积蓄是他们每个月的经济来源，可以建议他们每年准备出7 200元钱，按月分别存款，每月拿出600元，存为3个月定期。这样每月就都有一笔存款到期，积累到6笔钱以后又可以选择半年定期，积累到12笔钱以后则可选择一年定期。如此循环，这些存款就可以供给这样的老年家庭每月的支取使用。对于理财产品，老年家庭不适宜风险高的产品，货币基金是一个不错的选择，它的风险很低、流动性很强，收益率高于银行短期存款利率，可以取代一年期以内的银行储蓄，素有"准储蓄"的美誉，理财经理可以根据老年家庭的实际情况合理选择。

本节小结

本节主要介绍家庭养老投资规划。每个人都希望自己的晚年能够过得幸福，年轻的时候也是为了自己的晚年而奋斗。养老金是无法满足晚年生活需求的，所以理财经理要合理地将投资者的部分资金用于养老计划。

5.5 家庭保障金的投资规划

一个家庭除日常开支以外，对那些无法预知的风险也应该未雨绸缪，提前做好打算。如果不能做好保障措施，家庭资产就可能遭受不必要的损失。

对于一个家庭来说，科学的理财方式应该是首先准备好保障型的资金，再规划消费层的资金，最后是增值层的资金。也就是说，保障型的资金应该是家庭理财的基础，如果这一部分准备好了，风险类的产品收益好坏就不会影响这个家庭的生活品质。

经济学有一个标准普尔家庭资产象限图，如下图所示：

要花的钱　占比 10%
类型：3～6个月生活费
特点：短期消费

保命的钱　占比 20%
类型：社保等各类保险
特点：专款专用

标准普尔
家庭资产
象限图

类型：固定收益类债券、
互联网金融理财等
特点：低风险、稳定
收益、保本增值

类型：股票、房产等
特点：高风险伴随高收益

生钱的钱　占比 30%

保本增值的钱　占比 20%

其中，要花的钱安排在现金账户，如活期存款，占比 10%，主要是平时用的钱；保本增值的钱安排在保证收益的账户，占比 20%，主要是投向一些保证收益、本金安全的产品，如债券、定期存款和分红保险；生钱的钱安排在风险账户，占比 30%，主要是投向一些风险和收益皆高的产品，如股票、基金等；保命的钱占比 20%，主要就是购买各种保险。

目前，市场上的保险品种繁多，让人眼花缭乱，很多家庭不知道如何选择，这就需要理财经理来把关了。

> 郭先生是一位出租车司机，一年四季不分白日黑夜在外奔波，努力打拼了十多年以后终于有了一部分积蓄。有一天，郭先生搭载了一位保险公司的职员，这位职员路上接了好几个电话，都是在说哪些保险值得购买。郭先生一心动，也按照这人的推荐购买了几份保险。结果，几个月后郭先生才发现这些保险并不适合自己，但当他找到那家保险公司时，保险公司对他的问题根本不予理睬，惹得郭先生一肚子火。

可见，帮助客户家庭选对保险是理财经理的重要职责之一。

一般来讲，选择保险有以下几个原则。

先保障后投资

保险的一个重要功能就是保障，这是它与其他理财产品最显著的区别。买保险最基本的要求就是要有保障，在有了保障的基础上才可以考虑投资。如果客户家庭的经济状况良好，就可以在完善家人保障的基础上购买一些投资型的保险产品。

先保障家庭支柱，再保障家庭其他成员

家庭支柱一般是家庭中的主要经济收入承担者，如果家庭支柱出现了

不测，整个家庭的财务状况就有可能瘫痪。因此，在考虑购买保险时，应该首先考虑家庭支柱人身类的寿险、意外险和重大疾病险，然后再去考虑其他家庭成员的保险。

先满足保额的需求，再考虑保费的支出

理财经理应该根据客户家庭的结构、家庭成员的工作性质、已有的保障、家庭的风险承受能力等仔细分析，得出客户家庭必要的风险保障额度，在满足这个必要的保障额度的基础上考虑保费的支出。保费的支出也可以根据客户家庭所处的阶段、不同的财务状况、不同的职业类别来进行调整。

先制订保险规划，再来选择保险产品

理财经理应该根据客户家庭对保险类别的需求做好规划，然后再选择具体的保险品种，由面及点，逐渐深入。在考虑保险类别时，应考虑家庭成员遭受某种意外的概率有多大。科学统计显示，中国人平均每人遭受重大疾病的概率高达 72.18%，因此重大疾病险是必须要考虑的对象。在演艺界，很多明星都为自己的手、脸投下了巨额的保险，这虽然对普通百姓来讲是匪夷所思的事，但对这些明星来讲却是极其必要的。不同的人有不同的需求，不同的家庭也一样，因此各个家庭对险种的选择也会有所不同，理财经理要判定好侧重点，不要误信人言而给客户家庭买了不必要的保险。

先是人身保险，再是财产保险

人身保险是首先需要考虑的险种，接着才是财产保险。没有人的安全，财富就谈不上累积。

买保险并不是越贵越好，保险价格并不与抗风险程度成正比。尤其是购

买意外险时，相对于保额而言价格越便宜越好，免赔额度则是越低越好。

同样，最经济的保险也不一定就是最好的。如购买重大疾病保险，一次性缴费就比 20 年、30 年分期付款便宜得多。但是，购买保险最重要的目的就是抗风险。购买重大疾病保险时就一定要尽可能拉长缴费期限。

还有一个最重要的保障金规划策略，那就是要根据客户家庭的收入来进行合理的选择。不管人身保险还是财产保险，每个家庭所配置的比例都不尽相同。

温饱型家庭的保障金规划

温饱型家庭的资金谈不上雄厚，家庭的收入主要是夫妻俩的工资，开支主要是日常支出和对子女的抚养。对于这类家庭，投保的重点应该是"人"。

人是保证温饱型家庭经济持续稳定的基础，夫妻俩的收入是整体收入的来源，夫妻俩的安全比子女教育的保险更加重要。所以，温饱型家庭应该重点投保健康险，可以考虑购买重大疾病健康险、意外伤害医疗保险、住院费用医疗保险等，而且被保险人应该是负担家庭最主要经济来源的那个人。

温饱型的家庭由于大部分收入用作了家庭的日常开支和子女的教育支出，因此保费的占比不宜过大，以 10% 左右为宜。

小康型家庭的保障金规划

小康型家庭的资金较为宽裕，有一定的固定资产和储蓄，他们的经济压力比较小，在险种的选择上可以考虑购买中长期的分红型保险产品。这类保险产品有着较高的固定回报，还会得到一定程度的红利分配。这样，在夫妻俩进入老年阶段后，领取的年金基本可以保障他们的晚年生活。在购买两全保险时，可以为其选择附带重大疾病提前给付、重疾豁免保费的产品。

　　小康型的家庭也可以给子女投保，如教育保险，甚至是健康保险，为孩子的未来也增添保障。

富裕型家庭的保障金规划

　　富裕型家庭的资金更加充裕，基本没有经济压力。对他们来说，投保不仅是保障，投资增值也是他们所看重的。

　　但是，富裕阶层的家庭也不能忽视了健康险。这部分人群通常工作时间都很长，本身就有一定的健康隐患。购买了健康险就能在特殊情况下给家庭带来高额的经济补偿，保证家庭生活的稳定。

　　富裕家庭对财产进行投保也是必要的举动。富裕家庭名下的财产自然较一般家庭要多，财产受到损失的概率也会比一般家庭要大，因此，可以投保财产保险，如对厂房、机械设备等进行投保，如果这些财产发生了意外，家庭就会得到一定的补偿，能够避免给自己造成较大的损失。

　　传承险也是可以考虑的险种，富裕家庭可以分期购买这类保险，把家庭财富分阶段地传给子女，保证子女在未来能有持续的现金流供给。

　　需要强调的是，在办理寿险、健康险时均需按照年龄来决定保费，有些针对老年人和男性的险种更是对年龄有具体的要求，因此对投保时的年龄也不能疏忽。我国保险业素有"16周岁以上""凡70周岁以下"的说法。这个"周岁"是按照公历的年、月、日计算，从出生的第二天起算。也就是说，一个2016年8月22日出生的婴儿，按照法律规定的算法，要到2017年8月23日才算年满1周岁。

本节小结

　　本节主要介绍家庭保障金的投资规划。风险是不可避免的，但是我们可以提前做好预防和应对工作。理财经理应该根据不同家庭的经济实力为他们提供保障金的投资计划，保障计划一般就是指购买相应的保险的计划。

5.6 家庭现金流的管理

　　家庭现金流的管理，是指理财经理掌握分析客户家庭的收入和支出情况，帮助客户家庭减少不必要的支出，让家庭养成有节制的消费习惯，使其保证有高质量的生活水平。在日常生活中，我们经常见到"房奴""车奴""卡奴"人群，原因就是他们没有做好现金流管理。

　　现金流其实并不仅是钱包里的"现金"，也包括现在各种支付状态下的货币流出，如银行卡的转账、支付宝钱包的付费、微信钱包的支付等，凡是与家庭收支有关的金额都统一归入现金流的现金栏。另外，现金等价物如果可以折算成一定金额的股票、债券、房产，只要是介入了收支情况的，也要算作是现金流的"现金"。

　　现金流的管理是家庭理财的核心。家庭理财的目的就是平衡现在和今后的收支，让家庭经常处在"收＞支"的状态，不至于因入不敷出而导致家庭出现财务危机，影响家庭的生活质量。

　　现金流的重要特性是随时性，它可以随时支取，这样才能保证家庭生活的正常运转。

　　通常，家庭的现金流入包括：经常性的流入，如工资、奖金、养老金和其他经常性的收入；补偿性的流入，如赔付的保险金、失业金；投资性的流入，如利息、股票盈利和出售房产、收藏品的收入。家庭的现金流出则包括：日常开支，如衣、食、住、行的费用；大宗开支，如购房、购车、子女教育；意外的支出，如重大疾病、意外伤害及第三者责任赔偿。

现金流管理就是要在上述的收支中尽可能保持"收＞支"的状态，让家庭有比较"富余"的支付能力，不至于成为各种"奴"。这种"富余"的程度越高越好，说明这个家庭的财务状况越"自由"。

在现金流的管理中，现金流量表是最主要的工具。

现金流量表，指的是在一定时期内家庭现金收入和支出变化情况的表格。这里的"一定时期"通常是一年，即从1月1日到12月31日，也可根据具体情况来确定。

现金流量表要遵循可靠性、真实性、明晰性、及时性的原则，要包括记录收入和支出的日记账、确定本期现金和现金等价物的变动额、分析的原因等。其中最关键的是确定本期现金和现金等价物的变动额，因为现金变动额就是现金流量表要分析的主要对象。

在编制现金流量表时，每个项目都是可以改变的，表中的备注栏要记录那些相对异常的收入和支出项目。现金流量表样表如下：

现金流量表

××年　　　　　　　　　　　　　　　　　　　　　金额：元

序号	项目	金额	备注	小计
1	现金流入			
1.1	工资性现金流入			
1.1.1	工资			
1.1.2	奖金			
1.1.3	津贴			
1.1.4	其他			
1.2	财产经营现金流入			
1.2.1	现金股利			
1.2.2	租赁收入			
1.2.3	生产经营收入			
1.2.4	其他			
1.3	不固定现金收入			

序号	项目	金额	备注	小计
1.3.1	劳务收入			
1.3.2	其他			
1.4	债权现金收入			
1.4.1	银行存款利息			
1.4.2	国债利息			
1.4.3	向他人放贷利息			
1.4.4	其他			
1.5	收回投资获得现金			
1.5.1	股票投资本金			
1.5.2	债券投资本金			
1.5.3	其他			
1.6	对外举债所得现金			
1.7	其他现金收入			
1.7.1	退休金			
1.7.2	馈赠			
1.7.3	救济金			
1.7.4	遗产继承			
1.7.5	其他			
2	现金流出			
2.1	日常消费支出			
2.1.1	饮食支出			
2.1.2	日用品支出			
2.1.3	服装鞋帽支出			
2.1.4	文化娱乐支出			
2.1.5	医疗保健支出			
2.1.6	教育支出			
2.1.7	人际交往支出			
2.1.8	各种用具支出			
2.1.9	其他			
2.2	投资支出			
2.2.1	购买股票支出			
2.2.2	购买债券支出			

续表

序号	项目	金额	备注	小计
2.2.3	购买基金支出			
2.2.4	对外放贷			
2.2.5	房地产投资			
2.2.6	缴纳保险费			
2.2.7	购买大件耐用品分期付款			
2.2.8	其他			
2.3	偿还债务			
2.4	其他支出			
3	汇率折算差额			
4	现金净流量（1-2+3）			

当然，上表只是一个例子。不同的家庭可能会制作出不同的现金流量表。现金流量表是建立在家庭的日常记账基础上的，要做好现金流量表，家庭的日常记账就要及时准确。

通过现金流量表可以得出一个家庭在某个时期内（如1年）现金收支的变化，直观地看到家庭年度盈余、存款余额等信息，以及家庭现在拥有的一些资产，可以从变动的总趋势中把控家庭的财务状况。

如果家庭支出中有过多不必要的支出，就需要适度地进行控制，限定该项目的额度，做好"节流"才可能尽量地让"收＞支"。

如，家庭中的日用品可以坚持"没用的东西不要买，有用的东西不要扔"这一原则。既然要"节流"，对一些不必要的东西就不要轻易动心。穿着可以不讲究大品牌，只要穿得精神、款式颜色搭配巧妙即可；在吃的方面，可以减少在外吃饭的频率，尽量在家吃；有些应酬活动其实是可以避免的，这项花费如果省下来，肯定也会对"节流"有很大的帮助。每个家庭都不应轻视"节"下来的一分一文的小钱，要知道，涓涓细流其实也是可以汇成江海的。

俗话说，"钱要花在刀刃上"。过去贫困的年代，掌管家庭财务的妇女都会计算怎么花每一分钱，从不会乱花，只有这样才能让家庭成员不挨饿。现在虽然生活条件好了，但树立正确的消费观念仍然十分必要。一个家庭在确定消费标准时，一定要从家庭的实际情况出发，滥花钱乱花钱都可能造成"支＞收"。

要想"收＞支"，除"节流"之外，"开源"也是重要的一环，"开源"就是增加收入。但是，在一个家庭中，通常收入都比较稳定，怎么才能增加收入呢?

现金流的实时性决定了它在理财产品的选择上就是采用活期储蓄的方式，但是，活期储蓄也是有很大讲究的。如短时间的定期存款和通知存款业务就可以在保证资金流动性的前提下获得比活期存款更高的利息。

如果有额外的收入，如年终奖、业余写作的稿费、兼职所得、亲人遗产的继承、亲友馈赠等，不要认为这部分资产是意外所得就胡乱花费。如果暂时没有明确的开销，可以根据家庭消费计划将其存入银行或者进行小额的投资，如购买债券、有价证券，也可适时炒股等。

在现金流的管理中，应该有意识地让家庭建立紧急预备金。紧急预备金的特点是使用不定时和资金量较大，因此选择的投资产品需要存取灵活，主要以银行储蓄存款等短期理财产品为主。一般来说，预备金金额为3个月的固定支出，较保守的可准备6个月。

本节小结

本节主要介绍家庭现金流的管理。基本内容就是做好现金收入和支出的管理，并且尽量保证"收＞支"，只有这样，家庭财务才会自由。

第六章

06

明确客户是什么类型的投资者

客户的投资性格是对资产配置有着重要影响的一个要素。有的人激进，有的人中庸，还有的人保守，我们将其分别称为风险爱好者、风险中立者和风险规避者。不同投资性格的家庭对于投资标的的选择有着根本性的区别。但是，理财经理不能仅凭家庭成员的风险偏好来进行资产配置，还需要结合家庭实际情况来综合考虑。

案例引入

　　电视剧《欢乐颂》中，樊胜美成了一名理财师。她在遇到客户陈家康时，给陈家康推荐了理财产品。

　　不过，樊胜美在给陈家康推荐产品之前，特意了解了陈家康是什么类型的投资者。陈家康本人希望拿出一些闲钱来投资，并且希望风险较小，由此可以判定陈家康属于风险规避者。樊胜美对症下药，果然最终让陈家康收获了满意的回报。

6.1 明确客户的投资性格

　　理财产品都自带风险。理财经理在为客户做资产配置时，风险是必须要考虑的因素。风险包含有危险和机会两个含义，危险降低收益，机会增加收益，因此理财产品的风险和收益是相辅相成的，高收益的理财产品必然伴随着较高的风险，而低收益的理财产品其风险也会较低。

　　面对风险无处不在的投资市场，不同的人对待风险也有着不同的态度。如果客户家庭愿意冒险，那他们就有可能获得较高的收益，当然也有可能遭受较大的损失。客户家庭因为冒险获得的超过时间价值之外的额外收益即是投资的风险价值，也就是风险报酬。风险广泛存在于各种投资理财产品之中，人们生怕遇到"风险"，所以风险绝对是不可忽视的，理财经理要做的就是帮客户家庭防范风险。

　　通常来讲，家庭在投资理财时对意外损失的关切往往会比对意外收益的关切要强得多，人们在研究风险时侧重的是如何减少损失。从投资者的角度来看，风险可以分为经营风险和财务风险两类。

　　财务风险指的是投资人因为借款增加的风险。

　　　　马先生有 10 万元资金。在他进行投资理财的过程中，如果市场环境向好，他每年能盈利 2 万元，资金报酬率就是 20%；如果市场环境向下，他每年会亏损 1 万元，资金报酬率就是 −10%。假设马先生今年借款 10 万元，利息率 10%，并用以从事同样的投资理财活动。如果市场环境向好，马先生的盈利会达到 4 万元，在付出 10 万元贷款利息后还能盈利 3 万元，资金报酬率就是 30%，这是负债经营的一个好处。但是，如果马先生不幸遇到了市场环境向下的状态，他的风险也就加大了，他的亏损额度将达到 2 万元，加上付去的 10 万元贷款利息，最终亏损将达到 3 万元，资金报酬率为 −30%，这便是负债经营的风险。

从这个例子我们可以看出，负债会加大投资者的风险，其资金报酬率将根据市场环境来决定。但是如果投资者不是负债经营，而仅仅动用自有资金，那他就没有财务风险，只有经营风险。

人们在进行投资时都会有意识地规避风险。当报酬率相同时，人们会选择风险小的品种；而当风险率相同时，人们又会选择报酬率高的产品。但是市场是不会如投资人想象中那样理想化的，高风险与高收益并存，低风险与低收益并存。在这种情况下，就要判定投资人的风险承受度。

每一个家庭都有一定的风险承受度。如果理财经理选择的资产配置方案的风险超过了投资人的风险承受度，风险就成了他们的一种负担。因此在为客户家庭进行资产配置时，必须考虑投资人的投资性格。通常，一个人面对风险可以表现出以下几种类型：一是风险中立者，二是风险爱好者，三是风险规避者。风险中立者愿意承担部分风险，以求高于平均获利；风险爱好者愿意接受高风险以追求高利润；风险规避者往往为了安全获取眼前的收入，宁愿放弃可能高于一般水平的平均收益。

理想的投资策略不仅与客户的投资目标和资产情况有关，投资性格也是重要的一环。有很多理财经理往往会忽视这一点，他们在对待客户家庭时多会询问投资人是喜欢稳健型的产品还是喜欢风险型的产品，如果客户家庭一时无法决策，他们就可能会为客户挑选一些中等风险的产品，这种情况下做出的选择就较为肤浅。

　　理财经理应对投资者的投资性格进行系统分类，以明确他们属于哪一种风险类型。其实，投资性格的涉及面非常广，理财经理可以设计一个调查问卷，测试一下客户家庭属于哪种类型的投资者。

　　投资性格调查问卷范例如下：

　　1. 你现在的年龄范围是：

　　(1) 60 岁以上　(2) 51 ～ 60 岁　(3) 41 ～ 50 岁　(4) 31 ～ 40 岁 (5) 30 岁以下

　　2. 你认为在理财中遭受损失是极为惨痛的事，所以你总是希望确保你本金的安全。

　　(1) 完全正确　(2) 基本正确　(3) 不正确也不错误　(4) 基本错误 (5) 完全错误

　　3. 你认为在投资中最重要的是获得报酬，为此你总是愿意冒风险。

　　(1) 完全错误　(2) 基本错误　(3) 不正确也不错误　(4) 基本正确 (5) 完全正确

　　4. 你认为年龄越大，越应该追求投资的稳健，因为老年人风险承受力较弱，没有时间去弥补损失。

　　(1) 完全正确　(2) 基本正确　(3) 不正确也不错误　(4) 基本错误 (5) 完全错误

　　5. 你认为只要是报酬率高的产品，无论了解不了解这个产品，都会予以投资。

　　(1) 完全错误　(2) 基本错误　(3) 不正确也不错误　(4) 基本正确 (5) 完全正确

　　6. 如果市场环境比较好，你认为可以举债投资。

　　(1) 完全错误　(2) 基本错误　(3) 不正确也不错误　(4) 基本正确 (5) 完全正确

7.你喜欢追求短期快速积累资金的方式，不喜欢长期积累资金的方式。

(1)完全错误　(2)基本错误　(3)不正确也不错误　(4)基本正确
(5)完全正确

8.你在投资时总是顾及你的家庭情况，认为应该稳扎稳打。

(1)完全正确　(2)基本正确　(3)不正确也不错误　(4)基本错误
(5)完全错误

9.你认为在投资中有些损失是没有关系的，你还是喜欢冒险一搏。

(1)完全错误　(2)基本错误　(3)不正确也不错误　(4)基本正确
(5)完全正确

10.你认为贫穷是缺少勇气导致的，只有冒险才能获得高收益。

(1)完全错误　(2)基本错误　(3)不正确也不错误　(4)基本正确
(5)完全正确

11.如果你投资的产品遭受了损失，你认为并不会影响你的工作和生活。

(1)完全错误　(2)基本错误　(3)不正确也不错误　(4)基本正确
(5)完全正确

12.你认为有风险是投资中的精彩部分。

(1)完全错误　(2)基本错误　(3)不正确也不错误　(4)基本正确
(5)完全正确

13.投资市场是变化莫测的，因此你在投资时会仔细对各种产品进行比较。

(1)完全错误　(2)基本错误　(3)不正确也不错误　(4)基本正确
(5)完全正确

14.在你的投资组合中，如果有一部分全军覆没，但另一部分的报酬却高于平均获利，你认为这是很正常不过的事。

(1)完全错误　(2)基本错误　(3)不正确也不错误　(4)基本正确
(5)完全正确

15. 你对投资理财较为漫不经心。

(1)完全正确　(2)基本正确　(3)不正确也不错误　(4)基本错误
(5)完全错误

16. 如果没有行动，就没有好的收益，因此你愿意投入一半资金到高风险的理财产品之中。

(1)完全错误　(2)基本错误　(3)不正确也不错误　(4)基本正确
(5)完全正确

17. 你认为在理财中，只需要靠储蓄就可以了，其他冒风险的投资方式完全没有必要。

(1)完全正确　(2)基本正确　(3)不正确也不错误　(4)基本错误
(5)完全错误

18. 变幻莫测的市场总让你坐立不安，你非常担心市场环境向下。

(1)完全正确　(2)基本正确　(3)不正确也不错误　(4)基本错误
(5)完全错误

19. 股市这种高风险的投资市场，是你完全不愿意去触碰的。

(1)完全正确　(2)基本正确　(3)不正确也不错误　(4)基本错误
(5)完全错误

20. 你认为你现在的财务状况很适合你现在的生活，人如果贪心追求更大的收益是会受到惩罚的。

(1)完全正确　(2)基本正确　(3)不正确也不错误　(4)基本错误
(5)完全错误

21. 你认为把资金单纯地放在银行是不明智的，因为储蓄不能有效地抵御通货膨胀。

(1)完全错误 (2)基本错误 (3)不正确也不错误 (4)基本正确 (5)完全正确

22. 你害怕遭受损失，因此你宁愿让你的资金躺在银行里，至少这样你的心里是平静的。

(1)完全正确 (2)基本正确 (3)不正确也不错误 (4)基本错误 (5)完全错误

23. 你认为你没有冒险赚钱的运道，如果冒险就可能损失惨重。

(1)完全正确 (2)基本正确 (3)不正确也不错误 (4)基本错误 (5)完全错误

24. 股票和基金都是冒险者的游戏，你认为投身其中实在是太危险了。

(1)完全正确 (2)基本正确 (3)不正确也不错误 (4)基本错误 (5)完全错误

25. 你认为有机会就要去尝试，因此你愿意拿钱去冒一些能够估算出来的风险。

(1)完全错误 (2)基本错误 (3)不正确也不错误 (4)基本正确 (5)完全正确

26. 资本不会青睐那些不顾投资风险的人。

(1)完全错误 (2)基本错误 (3)不正确也不错误 (4)基本正确 (5)完全正确

27. 如果有产品能够分散风险，资金就不会全军覆没，因此你还是愿意将一部分钱投在风险型产品上。

(1)完全错误 (2)基本错误 (3)不正确也不错误 (4)基本正确 (5)完全正确

28.在遭受损失时，你不会表现得像别人那样镇静。

(1)完全正确　(2)基本正确　(3)不正确也不错误　(4)基本错误 (5)完全错误

29.你希望能够完全掌控生活和资金。

(1)完全错误　(2)基本错误　(3)不正确也不错误　(4)基本正确 (5)完全正确

30.你只愿意投资那些不会遭受损失的产品。

(1)完全正确　(2)基本正确　(3)不正确也不错误　(4)基本错误 (5)完全错误

31.你不喜欢改变，而更多的是喜欢依循常规来生活。

(1)完全正确　(2)基本正确　(3)不正确也不错误　(4)基本错误 (5)完全错误

32.你已经记不得你上次冒险是什么时候的事了。

(1)完全正确　(2)基本正确　(3)不正确也不错误　(4)基本错误 (5)完全错误

33.不冒险就做不成任何事，这是你对投资理财的态度。

(1)完全错误　(2)基本错误　(3)不正确也不错误　(4)基本正确 (5)完全正确

34.你不害怕股票基本的变化，但是你还是担心股市崩盘，因此你总是把股票放在投资选择的最后。

(1)完全正确　(2)基本正确　(3)不正确也不错误　(4)基本错误 (5)完全错误

35.媒体上说的经济危机等信息对你的投资不会造成影响。

(1)完全错误　(2)基本错误　(3)不正确也不错误　(4)基本正确 (5)完全正确

36. 你甚至会把危机当成最好的机遇，股市崩盘时正是买入的大好时机。

(1)完全错误　(2)基本错误　(3)不正确也不错误　(4)基本正确
(5)完全正确

在上述问卷中，每一个答案前的数字即是得分，将全部问题的得分相加就得到投资者的总得分情况。分数越高，说明投资者越会规避风险；分数越低，说明投资者越偏爱风险；分数在 66 ～ 98 分的人可以看成是风险中立者。

此外，经济学上还有一个对应于投资偏好的效用函数理论，它是 18 世纪数学家在研究人们赌博的问题时发现的。人们对待赌博的态度就类似于人们对待投资风险的态度。这个效用函数有一个严密的计算方式，效用即是投资人在投资中获得的满足程度，效用函数描述的是人们在不同财富水平和满足程度之间的关系，通常表现为财富的增函数。区分投资家庭的风险偏好程度也可以用这个效用函数理论来进行判定。

在了解了客户对风险的态度以后，真正要确定一个人的风险承受度还要综合考虑客户的客观因素，如家庭的收入、开销、待抚养的小孩等。因为就算投资人是风险爱好者，但现实情况却让他没有能力去承担风险，他也没有办法做一个风险爱好者，而只能转为风险规避者。

本节小结

本节主要介绍如何明确客户的投资性格。不同人面对风险的态度是不一样的，理财经理应该设计一个调查问卷，测试一下客户家庭属于哪种类型的投资者，然后根据测试结果来给出理财方案。

6.2 风险爱好者的投资选择

风险爱好者在投资理财中更愿意得到期望收入，而不是风险的期望值收入，他们的期望值的效用是大于风险本身的期望效用的。

从偏好上来说，风险爱好者喜欢结果不那么确定的高风险的理财产品，而很可能对稳健保本型的理财产品不屑一顾。如有一张有 50% 概率中得 30 000 元的奖券，风险爱好者都有可能选择购买这张奖券，即便有 50% 的可能让投资变为零也不在乎。

风险爱好者在面对一个有着合理风险的产品时，会选择承担风险，因为他们从获胜中得到的效用，即他们的满足感，远大于从失败中得到的负效用，即不满足感。他们本身具有较为强烈的冒险精神。他们将风险偏好看成是正效用的商品，认为当收益增加时，可以通过风险增加来得到效用的补偿。

风险爱好者的效用函数的二阶导数大于 0，这类家庭随着个人财富的增加，其所获得的边际效应将逐渐上升，其效用函数如下图所示：

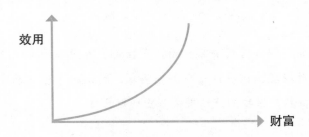

一般来讲，风险爱好者适合于股票、基金这类风险性较大的理财产品。但理财经理在为客户家庭做理财规划时不能仅凭这一点来给投资人配置资产，因为在实际生活中，有很多风险爱好者其实是单纯的激进冒险型投资者，只考虑冲锋不考虑后果。

有研究表明，生活中有很多人对自己的判断盲目自信，如果人们相信自己的判断有 80% 的可能是正确的，那么实际的结果其实只有 70%；当一个人完全确信自己的投资判断时，其出现误差的概率则会更大。

在财务的决策之中，除了自身的知识和理性的思考，还需要考虑价值取向和情感，这些都是理财经理在为客户服务时不能忽略的因素。因此，可以给风险爱好者配置符合他们投资倾向的股票、指数基金等高风险的产品，但也不能忽视了保本稳健型理财产品的占比。

安先生是一名律师，今年 40 岁，和夫人育有一个小孩，收入稳定。在没有接触理财经理之前，安先生是一个冒险型的投资者。在他的投资组合中，有市值 70 万元的股票、30 万元的股票基金，另外还有几万元的存款。

理财经理在检视后发现，安先生的资产组合缺少一定程度的稳健保本型产品，一旦市场环境发生变化，安先生就可能损失惨重，是不合理的资产配置。同时，安先生的家庭情况也不适合他走这样激进冒险的路子。于是，理财经理在安先生的投资组合中增加了低风险的投资产品，其中，购入国债 20 万元、货币型基金 20 万元、定期存款 15 万元、保险 10 万元、原有的股票和股票型基金分别调整为 10 万元、20 万元，这就更加符合安先生的家庭实际情况了。

在投资产品的比例选择上，风险爱好者可以配置 70% 的高风险金融产品、20% 的中等风险金融产品、10% 的低风险金融产品。

以下是对适合风险爱好者的理财产品的简单划分及风险收益评判。理财经理可以根据客户家庭的风险承受能力、投资收益预期以及对各投资品种的熟悉程度进行选择。

股票

有人曾说，股票是全世界范围内最好的投资品种。投资股票，资金比较安全，但风险确实较高。目前中国的股市还只能做多，家庭投资者一般只有在牛市才能赚钱，在熊市赚钱的概率很小。股票流动性较高，一般股票卖出后 T+1 日即可提现，但在非交易日无法银证转账。

基金

在国外，基金是同股票一样受欢迎的投资形式。基金有很多种，通过基金公司的运作，投资者可以分享专业机构为其投资的乐趣。投资基金的利润与投资股票的利润不相上下，且波动小于股票。同时，基金的流动性较高，一般赎回后 T+l 或 T+2 日即可提现。

本节小结：

本节主要介绍风险爱好者的投资选择。一般来讲，风险爱好者适合股票、基金这类风险性大的理财产品。但是理财经理不能只考虑这一因素，要帮助投资者做好保障投资计划。

6.3 风险规避者的投资选择

风险规避者又称风险厌恶者，他们会对承担的风险要求补偿。只有在资产组合中确定的收益大于无风险的投资收益时，他们才会考虑去投资。

风险规避者把风险看成是危害，喜欢高估风险，也总是假设会出现最差的情形，他们偏爱的是低波动性的产品，而对于同样风险的产品，他们又会钟情于有着较高预期收益的资产。

风险规避者的效用函数的二阶导数小于 0，这类家庭随着个人财富的增加，其所获得的边际效应会逐渐下降，其效用函数如图所示：

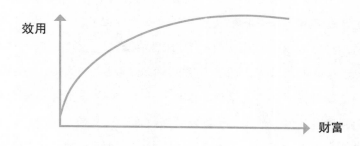

其实在实际生活中，大多数人都属于风险规避者。美国寿险营销和研究协会曾做过一项调查，随机抽取一部分人群，询问他们"是否愿意为了高收益而承担风险"，协会要求被调查者用 1 ～ 10 这 10 个数字来进行回答，1 表示"不愿意"，10 表示"非常愿意"，结果受调查者中有 45% 的人选择的是 1、2 和 3 这样接近于"不愿意"的数字，只有 11% 的人选择

了 8、9、10 这样接近于"非常愿意"的数字，还有 44% 的人选择的是中性的 4、5、6、7。

风险规避者对投资的要求是收益可以不高但是一定要稳定，资金增值的速度可以慢但一定要安全。因此，这类投资者最好的投资选择就是储蓄、债券、基金定投等理财方式，可以利用较多的储蓄、债券和较低的股票投资比例来降低整体组合的风险。其资产配置组合以 10% 的高风险金融产品、25% 的中等风险金融产品和 65% 的低风险金融产品为宜。

> 卢先生今年 45 岁，是一家民营企业的销售代表，月薪 6 500 元，年收入 78 000 元。卢太太是一家公司职员，今年 40 岁，月收入 4 500 元，年收入 54 000 元，夫妻俩一年总收入 132 000 元。两人有一个儿子卢峰，即将大专毕业。夫妻俩最近有一笔 2 万元的定期存款即将到期，另外别人以前借他们的 5 万元购房款也快要归还了。卢先生想给这笔资金安排一个好的去处，希望给儿子未来结婚时筹足存款。
>
> 卢先生一家属于风险规避者，经济条件也算不上好。因此理财经理给他们配置了一些储蓄、货币市场基金、国债、二级市场基金、二级市场债券等作为资产配置。具体做如下分配：
>
> 卢先生家庭收入的 50% 的收入用以购买国债，主要是到期期限在 3 年左右的中短期国债，这些国债的年收益率在 3% 左右，每隔半年进行一笔投资，如此连续操作。这样，卢先生每半年就有投资国债、国债到期的时候。另外，再将收入的 20% 投为货币市场基金，这些货币市场基金收益率为 2.2% 左右，可作为活期储蓄的替代品，这部分资金也可用作日常生活开销，需按时支取使用，不支取时按天计息。再将收入的 20% 投资到二级市场基金，每年可能会有 20% 的收益。最后的 10% 存为定期储蓄，用作家庭的应急备用金。
>
> 在理财经理的规划下，卢先生一家的收益可增长到 25% 左右，基本满足了卢先生一家的理财目标。

以下是对适合风险规避者的理财产品的简单划分及风险收益评判，理财经理可以根据客户家庭的风险承受能力、投资收益预期以及对各投资品种的熟悉程度进行选择。

货币基金

货币基金相对来说是比较安全稳健的一种理财方式，风险很小，在银行存款利率越来越低的情况下，将钱存入货币基金是一个不错的选择。货币基金的收益率通常比定期存款略高，它是通过基金的形式去投资一些银行间的同业拆借。如果投资人要赎回，通常 T+1 个工作日就可以到账，因此其流动性也基本等于活期存款。

余额宝

余额宝是新型的理财渠道，安全性也比较高，其收益虽然不高，但比活期储蓄还是要略高，并且流动性很强，可以随时支付转账，操作简单，支付便捷。

储蓄式国债

国债一般受到老年人的偏爱，它是以国家信用为保障的，既安全又稳健，而且高于银行定期存款的收益。不过相对来讲国债的期限很长，流动性较差。如果是要投资储蓄式国债，家庭就要抱有长期投资的打算。

银行理财产品

从收益性上来看，银行理财产品的收益率要高过余额宝，但流动性比较差，并且投资门槛较高，一般投资下限为 5 万元。不过，现在银行也推出了一些净值型的理财产品，流动性提高了不少，可以作为投资的备选。

大额存单

大额存单是一种新型的理财方式，还需要一段时间的市场适应。不过大额存单的门槛较高，个人投资者的下限为 30 万元，如果未来大额存单的交易平台搭好，其流动性可能会大大增加，其收益也相对较高。

本节小结

本节主要介绍风险规避者的投资选择。研究表明，大多数人属于这一类投资者，风险规避者对投资的要求是收益可以不高但一定要稳定，资金增值的速度可以慢但一定要安全。这类投资者最好的选择就是储蓄、债券、基金定投等理财方式。

6.4 风险中立者的投资选择

风险中立者又称风险中性者，他们通常既不主动追求风险，也不主动回避风险。他们选择资产的标准是唯一的，即预期收益的大小，风险状况一般不是他们所考虑的因素。对他们而言，预期收益相同的资产给他们带来的效用其实是相同的。

风险中立者的效用函数的二阶导数为 0，这类家庭随着个人财富的增加，其所获得的边际效应是保持不变的，其效用函数如图所示：

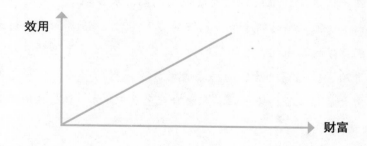

对风险中立者来说，资产组合的确定等价报酬率就是预期的收益率。这类家庭在投资产品的选择上，应在保障型资金的基础上，以储蓄、理财产品和债券为主，辅以高收益的股票、基金和信托投资，优化投资组合的模型，使风险和收益能够均衡化。

从长期来讲，风险中立者对投资的收益没有太高的期望，能够战胜 CPI 即可，因此风险类的投资产品比重就不宜过大。一般以 25% 的高风险金融产品、25% 的中风险金融产品和 50% 的低风险金融产品为宜。

35 岁的冯先生在外企任职。31 岁的冯太太在国营单位工作，夫妻俩有一个 3 岁的孩子，正在读幼儿园。之前，冯先生购买了一份 10 万元的综合重大疾病寿险，冯太太没有购买商业保险。夫妻俩原有一套市值 40 万元的住房，有 30 万元的银行定期存款。今年，夫妻二人希望在市中心购买一套价值 90 万元的房产，需要支付 30 万元的首付款，贷款 60 万元，贷款期限 10 年。夫妻俩除了自有的社保养老金以外，还希望为自己存上足够的养老金，用以维持老年的生活水平。从投资性格上来判断，冯先生夫妇属于风险中立者。

理财经理在对冯先生夫妇进行财务分析后发现，冯先生一家每月的薪资收入为 6667 元，除此以外并没有其他类型的收入，但他们如果购买这套房子，每月的房贷还款额度将为 6750 元，这是夫妻二人现有收入水平无法承担的。

在此情况下，理财经理通过现金流的管理，缩小了夫妻俩的部分支出，使他们每月的净现金流增加为 7000 元。在保险的安排上，理财经理根据冯先生一家的实际情况，为冯先生增加了返还型寿险、定期寿险、交通意外险，为冯太太增加了同样的一些险种，并也购入了重大疾病保险，使夫妇二人的净现金流中增加 1000 元用于购买保险。

冯先生夫妻俩的 30 万元存款，到期从银行中取出，其中 20 万用以投资蓝筹股票和比较稳定的基金，以此作为他们养老金的启动资金。每月再让他们从净现金流中取出 1000 元作为定期投资，以期 25 年后达到 500 万元，用作退休基金。剩下的 10 万元，理财经理建议他们投资保本型的基金和人民币理财产品，作为夫妻俩对儿子的教育基金。每月再从现金流中留出 600 元用作定期教育投资，用来支付儿子将来读本科或出国的教育保障资金。

夫妻俩原有的房子如果用以出租，每月只能得到 1 500 元的租金，且无法购买新房。因此，理财经理建议出售，所得的 40 万元资金可用以负担新房的首付款，将贷款额调整为 50 万元，还款期限为 15 年，这样每月将可能只需支付 4 400 元的房贷，在夫妻二人的可承受范围以内。预计新房年增值 4%，这样在 25 年后能达到 240 万元，到时冯先生夫妇可以考虑将此房出售，选择更加适合养老的房产作为退休后的住所。

通过理财经理这样的资产配置，冯先生的家庭理财的观念得到了改善，同时也实现了财务的基本自由，更重要的是，也符合二人风险中立者的性格特征。

本节小结：

本节主要介绍风险中立者的投资选择。对于这一类型的家庭，在投资产品的选择上，应在保障型资金的基础上，以储蓄、理财产品和债券为主，辅以高收益的股票、基金和信托投资，优化投资组合的模型，使风险和收益能够均衡化。

6.5 风险与收益管理

关于风险我们已经讲过很多，此处不再讲述风险的概念。收益率是为投资者恰当描述投资标的盈利与否的一种方式，收益的大小都可以通过收益率来计算。

一般投资短期国债等产品，收益比较确定；而投资股票、基金类产品，收益则是不确定的。投资的风险实际上就是收益率的波动。目前，我国主要金融投资产品的收益率可以用以下一些计算公式获得。

银行存款储蓄收益率＝（储蓄到期的本利和－储蓄本金）÷（偿还期限 × 本金）

债券收益率＝［票面年利率＋（面额－发行价格）÷偿还期限］÷债券发行价格

股票收益率＝股票年收益 ÷ 股票购买价格

家庭投资理财中很重要的一点就是要做到风险和收益的完美制衡。投资者一般都期望自己的投资能为自己带来较大的收益，同时又承担较小的风险，但实际情况是收益和风险是密不可分的正相关关系，收益的波动变化就是风险存在的有力证明。因此，理财经理需要在帮助客户家庭衡量自身风险承受力的基础上来开展相关的投资理财活动。

在投资环境中，风险和收益的管理是非常重要的。进行风险管理的目的不是要消除风险，而是承认风险存在的事实，并且对风险进行进一步的分析，从而达到降低风险的目的。

　　理财经理在帮客户进行风险和收益的管理时，要承认"你永远无法事先为风险做好万全的准备"这一点。有很多人认为，可以通过预测或是专家的观点来避免风险。而实际上，不管这些预测专家或机构的技术多么高超或神奇都不可能完全规避风险。轻信他们的观点对投资人和理财经理最大的伤害倒不是预测的准确与否，而是让他们丧失了风险意识。最终投资人损失了金钱，理财经理损失了信用，没有一个人是获利者。

　　投资有风险，但不投资也是有风险的。

> 　　有一个老实本分的农民，把自己辛辛苦苦积攒下来的5 000多元钱埋在自家的地窖里，满以为这样就安全了。可几年后农民得了一场重病，急需用钱，等他挖开自家的地窖时，却伤心地发现自己原先存在这里的5 000元钱已经因为受潮变成了一张张碎片。

　　可见，风险是无论如何也避免不了的。

　　要在资产配置中获利，就要做好承担风险的准备，毕竟只有变化才可能产生财富的重新分配。变化能带来风险，也能带来同等的收益机会。精明的理财经理往往能从这些变化中帮助客户家庭实现获利。

　　如何实现风险和收益的制衡呢？或者说如何降低风险、提高收益呢？理财经理在帮助客户家庭进行每一次的投资前都务必要对可能遭受的风险有一个判断，并且对每种可能发生的状况做出评估，在投资之前设立应急预案。

　　如股票投资的风险可以分为系统风险和非系统风险两种。系统风险包括政策风险、利润风险、购买力风险、市场风险等；非系统风险包括经营风险、财务风险、道德风险、交易过程风险等。在投资前最好对这些风险有必要的了解，并分析这次投资获利的机会有多大，投资之后也要对投资进行多次评估。

　　因此，理财经理在帮助客户家庭进行投资前最好列出一张风险收益评估表，把所有需要考虑的因素都添加进去，对能不能承受最坏的情况、收益是否理想等做出衡量。如果预期的收益率结果是适中、较好或好时，那就代表这次投资是值得的。

本节小结

本节主要介绍风险与收益管理。风险是避免不了的，但是一定要做好收益与风险的制衡。理财经理在帮助客户选择前，要做好风险估计和收益估计，然后进行评估，最终让客户做出选择。

第七章

07

审视客户的投资方向

资产配置有三个要点：一是对的资产比例，二是对的市场，三是在对的时机投入对的资金。这三个层次都对资产配置的最终结果产生着决定性的影响。理财经理需要对客户的原有投资方向进行全方位的检视，并做出相应的调整，以使之符合科学正确的资产配置过程。

案例引入

　　马先生 28 岁，马太太 25 岁，两人在一家私企上班，夫妇俩年收入 12 万元，年支出约 8.4 万元。夫妇俩现有存款 28 万元，其中有 8 万元投资于股票，暂时亏损 2 000 元，另外 20 万元未进行投资，存了活期储蓄。两人有住房一套，没有按揭的压力，最近几年也没有购房购车的计划。夫妇俩没有购买商业保险。此外，两人的孩子即将出生。

　　近日，马先生找到理财经理小申，希望他给他们设计一套关于孩子教育和家庭保险的理财计划。

　　小申仔细分析了马先生一家的财务状况，发现他们的年结余比为 30%，符合中国传统家庭的比率，另外他们的净资产有 150 万元，投资与净资产之比为 4.7%，低于应有的 20%，因此应加大投资力度。

　　于是，小申提出马先生首先要加大保险力度，因为他们没有购买任何商业保险。夫妇俩应该购买一定的意外险和重大疾病险，也要为他们即将出生的孩子准备意外、健康、教育方面的保险，如孩子刚出生时可购买住院医疗补偿型保险，到小学时可购买意外保险、教育保险。马先生一家每年的保费支出控制在 1.5 万元以内为宜。

　　马先生一家每年收入有结余 3.6 万元，可每月基金定投 2 000 元，作为孩子的成长基金和夫妇俩未来的养老金。20 万元的活期存款可以进行一些稳健的投资，利用其中的 30% 来购买不超过一年期的银行理财产品，20% 投资于黄金，50% 投资于基金组合。每年结余的钱可用作流动资金，以备不时之需。

7.1 大类资产比例是否合理

在经济快速发展的今天，投资产品越来越丰富。在家庭的资产配置中，选择哪些产品进行投资直接影响着投资的风险和收益。

在现今的资产品种结构中，股票、债券、大宗商品、现金是最主要的部分，它们也被统称为大类资产，这几类资产也是资产配置中最重要的组成部分。有研究表明，资产配置的策略可以解释90%以上的投资收益，因此大类资产配置的重要性不言而喻。

当前中国居民自行配置的资产中，地产、保险、存款、股票的比例分别为65%、4%、28%、3%。由此可见，在大类资产中，地产和存款的比例过高，而保险、股票的比例又过低，存在着明显的不均衡态势。而在发达国家中，家庭的大类资产比例一般就较为均衡，还是以上面四个大类资产为例，美国家庭的大类资产比例分别是30%、24%、14%、32%，而德国家庭的大类资产比例则是56%、17%、17%、10%。

从这些方面来看，中国家庭的大类资产配置并不均衡，这也在一定程度上抑制了资产配置的收益性。而随着资产轮动的加快，单一资产占比太高也会影响投资者的收益性。如2016年，大宗商品市场出现了多个暴涨，而股票市场则较为惨淡。进入2017年，大宗商品市场出现了下行趋势，股票市场也不见起色，但在未来的战略上较为乐观。在这种低增长、低利率、泡沫化、高波动的市场环境下，如将资产比例大部分倾向于某一资产，风险就会显著加大，只有注意配置大类资产，才能真正分散风险。

配置大类资产需要理财经理综合运用各方面的知识。通常来讲，它是一个系统化的流程，包括设定投资目标、战略资产配置、战术资产配置、再平衡、绩效回顾与调整这五个环节。

设定投资目标

设定投资目标是大类资产配置的起点，它包括收益目标和风险目标两种。收益目标又有相对目标和绝对目标之分，它往往与投资者的负债情况相关。而风险目标主要是与投资者的投资性格相关。

战略资产配置

战略资产配置可以分为以下几步：

一、在设定的投资目标下，选择合适的大类资产类别，并设定出各大类资产所占比例的上下限。

二、确定合适的资产配置模型，如均值方差模型、固定投资比例模型等。

三、通过历史数据法和情景综合分析法分析预测各大类资产的收益、风险和相关性等特征。

战术资产配置

战术资产配置包括预测和调整两步。预测可以运用基本面分析法、技术分析法和量化分析法等方法。这些方法不是孤立的，理财经理在使用时可以综合运用，以提高自己的判断能力。预测越准确，大类资产的配置才会越合理。如果不能做出合理的预测，就不要盲目地调整大类资产配置的比例，以不变应万变。如果做出了有效的预测，就可以对大类资产配置进行适当的调整，如调整基础资产的仓位、选择合适的衍生品等。一般可以通过直接买卖各大类资产来调整大类资产的比例，但如果短期内调整产生的手续费用过高，也可以通过选择合适的衍生品来实现。

再平衡

由于市场是不断变动的，在大类资产配置形成以后，各种资产的价格也可能会随着时间的推移发生变动。这样，不同的大类资产可能就会偏离原来其在资产配置中所占有的比例，使得资产组合的风险、收益发生变化，这时就需要将各大类资产的比例重新恢复到原来的比例，也就是再平衡。做好大类资产比例的再平衡，可以降低资产组合的波动率，也可以提高该资产组合的收益率。通常，可以定期对资产组合进行再平衡，需要在固定的时间强制进行。不少投资者都有追涨杀跌的操作手法，但是再平衡是不允许这样做的，要想为资产保驾护航，就不能有过度的冒险。

绩效回顾与调整

在大类资产配置形成后，理财经理要经常对该资产组合进行检视，回顾它的风险与收益情况。如果发现投资组合的收益和风险不符合原来预期的目标，就要对资产组合进行调整。

大类资产配置可以有效地降低风险，如股票的风险高、债券的风险低，而将股票和债券进行组合，其收益就必定会小于股票、大于债券，风险也会介于二者之间。按比例来说，股票占六成，债券占四成，是收益率最高的一种搭配，风险也较为适中。

本节小结

本节主要介绍大类资产的配置比例是否合理。股票、债券、大宗商品、现金是家庭资产最主要的部分，它们统称为大类资产，这几类资产是资产配置中最重要的组成部分。配置大类资产需要理财经理综合运用各方面的知识。通常来讲，这是一个系统化的流程，包括设定投资目标、战略资产配置、战术资产配置、再平衡、绩效回顾与调整这五个环节。

7.2 资产是否放在了对的市场

在为客户进行资产配置时，理财经理会很容易就发现大多数客户家庭的资产配置并不科学，有种过于想当然的感觉。而这时，理财经理就需要根据科学系统的方法来为客户家庭做出调整，让客户的资产配置达到合理的比例。

一般在进行资产配置时有两个指标可以参考：一个是资产的负债率，这个比率应该在70%以下；另一个是房贷的月支出占家庭总收入的比例，这个比率应该在50%以下。超过这两个比率，就要重新为客户考虑资产配置的结构了。

有一种风行世界几十年的资产配置方法可以作为理财经理的参考，那就是"4321法则"。具体来说，就是一个家庭应该将40%的资产用作投资，30%的资产用作日常开支，20%的资产用作储蓄，剩下的10%的资产用作保障型资金。这个家庭资产也可以是年收入，无论一个家庭年收入多少，"4321法则"都同样适用。当然不同的家庭有不同的实际情况，这个比例可以有一定的灵活调整的空间，但大体上的比例应当维持在这个法则之中。

还有一种法则叫"100–N"法则，即在进行资产配置时，可以根据投资者的年龄来计算他们投资于风险性理财产品的比例。如某人现在40岁，100–40＝60，这就意味着他可以将60%的资产用在较为积极的投资组合上，以获得较高的报酬率；而剩下的40%可以选择较为保守一点的理财产品，用以分散风险。

　　具体调整的情况可以根据家庭收入的差别或家庭主要成员的年龄情况进行区分。

收入不同，理财有别

　　在现实生活中，有很多家庭不顾忌自己的收入情况，看见别人炒股赚了钱自己也急匆匆地投入股市；看到别人投资基金盈利了自己便也去购买基金。他们就像墙头草随风乱倒，这显然是家庭投资理财的大忌。

　　一般来讲，低收入的工薪家庭收入有限，承受风险的能力也较差，投资理财时就要多考虑稳健保本型的产品。在保值的前提下，再去追求持续稳定的收益。有了这个原则，将资金投到哪些理财品种上就比较清楚了，如储蓄占 40%，国债占 30%，银行理财产品占 20%，保险占 10%。在这个比例中，储蓄占比较高，主要起着支撑家庭资产稳定性的作用，保险虽然占比低，但保障型的作用也不可小视。

　　中等收入的家庭可以考虑风险适中的资产配置，如储蓄 40%，人民币理财产品、基金或股票 30%，债券 20%，保险 10%。在这样的资产配置中，储蓄、债券和人民币理财产品较为稳妥，股票和基金风险较高，平衡下来正处在风险适中的区间。一旦出现了不可测度的风险，对家庭资金的影响也不会太大。

　　高收入家庭的经济实力和抗风险能力都比较强，资产配置可以适当追求一些高风险、高收益的产品，如开放式基金 50%，房产 40%，保险 10%。在这个组合中，如果风险控制得当，收益率就会比较可观。当然，一些个体经营的高收入家庭因为个体经营本身的风险就较大，因此资产配置同样应追求稳健型的产品。

　　以上是收入不同的家庭的资产配置基本结构，具体到实际情况还需要理财经理细致配置。

胡先生今年33岁，是某公司的市场总监，月收入2万元。妻子李女士今年30岁，是某文化公司编辑，月收入6 000元。夫妻俩育有一个4岁的孩子胡波。在支出方面，胡先生一家年均支出15万元。现有资产中有储蓄50万元，基金10万元，没有购买保险产品。另外，胡先生一家还有一套市值300万元的房产，房贷每月5 000元，还需15年还清。两人的理财目标是孩子的教育经费要有着落，夫妻俩的生活要有保障，风险偏好属中立者。

从胡先生一家的资产配置情况来看，储蓄的比例占比过高，有着不能抵御通胀的风险，这部分资产就应做出调整；而基金虽然可以获得长期收益，但在阶段性震荡波动时也要调整其比例。还有就是他们没有购买任何保险，这是无法让自己得到相应保障的。

胡先生一家的日常消费较大，并且希望能保持现有的水平。因此在保险的安排上，保费不适宜趸交或三五年一交，而适宜长期投入、每年保费不多的一些产品。

在胡波的教育规划上，可以将其分为三个阶段费用：幼儿园学费、大学学费、留学经费。由于胡先生一家有50万元的存款，因此幼儿园经费不用太担心，但后两个阶段的教育费用就要通过储蓄和投资组合来获得。胡先生夫妻二人目前处于事业上升期。升职加薪的机会很大，因此可以购买一些银行理财产品，利滚利地积累资产。

另外，近些年资本市场变化很大，胡先生一家需要根据市场的变化情况调整基金的组合，降低风险。此外，他们还可以投资一些超短期银行理财产品，作为应急资金，这些产品比储蓄的利率要高，也能充分保证资金的流动性。

年龄不同，理财有别

年龄也是决定一个家庭资产配置的重要因素。夫妻年龄在 25 ～ 35 岁的家庭通常属于家庭的形成期，这个时期的压力不会太大，可以适当提高一些风险型理财产品的比例，辅以债券、人民币理财产品和货币类资产。另外，保险的占比幅度也应该提高。

30 ～ 55 岁的家庭属于家庭成长期，此期的家庭要重点考虑子女教育金、养老金的规划，资产配置中股票类的风险资产比例应该有所降低，而债券等稳健性的产品比例可以适当提高，可多选择债券市场的人民币理财产品。

50 ～ 65 岁的家庭属于家庭成熟期，此期保险的安排应主要是养老险和年金保险，资产配置中股票等风险类资产的比例也应较低，可主要投资于债券、货币类资产，债券类的资产比例可维持在 40% ～ 50% 左右。

65 岁以上的家庭属于"银发族"，资产配置更是应以稳健型的资产品种为主，可主要投资于债券和货币类资产，而债券的持有形式也应以国债为主。

以上是收入不同家庭的资产配置基本结构，不过具体到实际情况，仍需要理财经理进行细致的配置。

> 杜先生与汪女士是一个三口之家，杜先生 40 岁，汪女士 38 岁，两人有一个 11 岁的孩子杜军。几年前，杜先生与汪女士辞职开了一家公司，每年除去花销后有约 10 万元的盈余。另外，两人有一套 80 多平方米的商品房，有 10 万元现金，30 万元流动资金。杜先生夫妇各有一份寿险，每年保费 1 200 多元，他们为杜军买了 2 份分红险，每年保费 720 元。

从杜先生一家的年龄结构来看，投资理财应稍显稳健一些。从他们的收入情况来看，杜先生夫妇的收入主要来自于对公司的投资，而几乎没有投资于金融资产所获得的现金流，只有保险一种形式。但这个保险结构也不太合理，没有养老险的比例。

因此，理财经理建议他们根据年龄比例调整保险计划。首先，年度支出的保险费调整为杜先生夫妇收入的 10% ~ 15%。杜先生作为家里的主要经济支柱，寿险的保额可调整为个人年收入的 3 倍，意外险的保额为年收入的 10 倍。同时增加养老险的安排，以后领取养老金的替代率不低于 70%，以保证老年时的生活质量。

杜先生夫妇现有的部分现金和储蓄可以投资于一些理财产品，用以抵御通货膨胀带来的风险。他们的积蓄和年收入除了留出一部分作为家庭应急资金以外，可以选择投资于证券市场、债券市场，以风险适中为宜。

他们 30 万元的流动资金如果是公司运作所必需的资金，就要充分保证它的流动性，这部分资金可以投向货币市场基金。这种基金收益高于储蓄，同时有着较好的流动性和安全性。如果并不是运作公司必需的资金，则可以考虑进行一些投资。

此外，杜先生夫妇也需要为杜军准备教育资金。随着杜军年龄的增长，教育费用也会逐年递增，假设递增速度为每年 5%，那杜先生夫妇就要立即开始投资，并确定投资的金额，最好是固定期限投资的方式，确保自己的投资额能够不断增长，并且可获得复利的回报。

除此以外，理财经理也要根据我们之前介绍的家庭成员的风险喜恶、未来计划、家庭结构进行综合判定，以将客户的家庭资产完全放在正确的市场，实现客户的投资目标。

本节小结：

本节主要介绍资产是否放在了对的市场。很多投资者过于理想化的投资是不合理的，理财经理可以根据家庭收入的差别或家庭主要成员的年龄情况等进行分析，然后对投资计划进行相应的调整。

7.3 资金投入的时机对吗

资金投入的时间对资产配置也有影响。我们前面已经讲过，资产配置包含三个层次。首先是对的资产比例，其次是对的市场，再次是在对的时机投入对的资金。可见，在对的时机投入对的资金也是影响资产收益的关键一环。

一个人是今天买一种商品还是把钱存起来以后再买这个商品，一定会导致不同的结果。如，你今天用 1 000 元购买了价值 1 000 元的洗衣机，那你就会分文不剩。而假如你将这 1 000 元投资于年利率 6% 的理财产品，一年后假使洗衣机的价格不变，你购买了洗衣机以后将会有 60 元的结余。但是，如果一年后洗衣机的价格上涨了 8%，你即便收获了 6% 的投资结余也买不起这台洗衣机，还不如今天就把它买了。因此从理论上来说，如果投资收益率大于商品通货膨胀率，那就值得推迟购买；如果投资收益率小于通货膨胀率，那就不值得推迟购买。

投资理财产品也一样。如果投入的时机对了，市场向上，投资家庭获得收益自然皆大欢喜；如果投资的时机不对，跑不赢 CPI，投资家庭的投资就可能出现损失。因此，理财经理除了要帮助客户家庭做好资产配置，也要视市场的变化选择进场、出场的时间。最好的入市时机就是市场存在明显获利机会的时候。不过在入市获取利润的同时也会伴随一定程度的风险，风险发生的概率较低时才是入市的正确时机。

一般来讲，大多数人都希望自己能够做到低买高卖。如股票，投资人的心理必然希望自己投资的股票在买完之后大涨，并且多年持续在高位。这就需要投资者长期站在卖方的立场，不然就会损害自己的利益。

我们买进普通股时，所购买的其实是这种股票每股配利的权利。就好比我们买来母牛为的是获得牛奶，买来母鸡为的是得到鸡蛋，我们购买股票为的是目前和未来的股利。但如果你是在经营牧场，购买母牛时就会希望母牛的价格能够下跌，以使你在母牛上的投资能够获得更多的牛奶。

所以，如果我们买进股票，股价低时我们能买到的股数越多，投资所得的股利金额也越大。而如果我们是储蓄者兼股票的买方，对我们真正有利的长期投资则是股价大幅下跌并且维持在低档，以便我们能以较低的价格买到更多的股份，使我们的投资得到更多的股利。

在股市中，"追涨杀跌"的现象十分普遍，但这种情况获得的投资报酬率却并不高，原因就是没有把握好投入时机。如果理财经理发现自己陷在股价上涨的激情中或是陷在股价下跌的愁苦中，就要努力打破这种困境，让自己冷静下来。这是投资理财的基本策略。

不同的理财产品对于入市时机的安排都有一些不同的技巧，我们试举几例。

在股市之中，一般来讲比较好的入市时机有以下三个：一是大盘走势处在低谷，即将由熊市转为牛市的时候；二是政策面有明显的利好消息出台，市场预期会有上涨行情时；三是市场出现业绩良好、价位又相对比较低的股票或是基金板块时。

把握好了入市时机，还只是成功了一半。成功的另一半是精准把握卖出时机。当市场给到的利润率达到了投资者的目标期望值，同时这个利润率在短时间内进一步上升的可能性比较小的时候，就应该是卖出股票的较好的时机。无论是谁，都不要幻想自己手中的股票能够卖出最高的价格，"见好就收"是卖出股票最基本的策略。通常，卖出股票时要制订一个盈亏计划，如在股票上涨 20% 时一定卖出，在股票下跌 8% 时要坚决止损。

投资基金也要判断目前是不是最好的进场时间，这就需要理财经理认真分析宏观经济和证券市场的运行情况。通常来讲，如果宏观经济有所降温或是股市表现比较低迷，对进场基金就要谨慎，尤其是进场股票型基金更要慎重。而如果股市回暖，宏观经济增速在提升，就是一个较好的入场时机。熊市的时候，理财经理应该帮助客户家庭扩大债券型基金的比重；而在牛市时则可加大股票型基金的比重。

此外，基金入市时还要尽量选择指数的底部区域，当然不要总想着去抄底，没有人能准确地判断出市场的最低点，理财经理能做的无非也是顺势而为而已。就像华尔街的俗语说的那样："要在市场中准确地踩点入市，比接住一把从空中落下的飞刀更难。"

本节小结：

本节主要介绍资金投入的时机是否正确。如果投入的时机对了，投资家庭获得收益自然皆大欢喜；如果投资的时机不对，投资家庭的投资就可能出现损失。理财经理应该帮助投资者识别正确的投资时机。

7.4 是否该调整投资结构了

资产配置完成以后，理财经理需要定期对配置的资产进行检视，绝不可一劳永逸，按兵不动。毕竟市场是变化的，理财产品的盈亏也在发生着变化，只有趋近于客户家庭的目标，才会让你的资产配置获得最终的成功。

在对资产配置进行的管理过程中，有两种方法比较常用，就是之前我们曾提到的固定比例策略和投资组合保险策略。虽然这两种策略在根本原则和行动方向上都背道而驰，但都有自己不同的适用性。

固定比例策略

英国著名股民伯妮斯·科恩有一句名言："始终遵守你自己的投资计划规则，这将加强良好的自我控制。"这句话很能代表固定比例策略的调整思路。投资理财有时就好像是人生，也是需要投资者坚持自己的原则的。坚持自己的原则，才有可能在投资之路上走得更远。

固定比例投资策略即是在各资产品种中遵循一个固定的比例。在一定时期之后，如果产品的价格发生了变化，使各资产的比例出现了倾斜，理财经理就要在这一变化中做出相应的调整，使其符合原有的比例。

如某家庭在资产配置中，股票的占比是45%。当股市行情转好时，股票价格上涨，其在资产配置中所占的比例将会上升。而这时遵循固定比例的投资原则就需要卖出一部分股票，让股票与其他投资品种的比例恢复原状。反之，如果股票市场下行，就需要再买进一部分股票，仍然使其维持在原有的比例。

举例来说，某家庭在资产配置中，股票的占比是 40%，原来购买股票的市值是 20 万元，其余全部为现金资产。三个月后，股票价格上涨为 28 万元，他就应该卖出 8 万 ×60% = 4.8 万元的股票，使得其资产配置中股票的占比仍维持在 40%。

但是，应该以什么样的频率或是在什么时间段进行调整呢？这里有三个标准，即固定金额调整、固定比例调整、固定时间调整。固定金额调整是理财经理结合实际情况，设定资产配置中某一资产的价格不变，如 10 万元不变，超出了减少，减少了增加，固定比例和固定时间调整也是类似的手法。

在固定比例的投资策略中，理财经理必须运用正确的计算工具，做好时间、比例的把握，如此才能避免出现误差，而给客户家庭带来损失。

投资组合保险策略

投资组合保险策略以"保本"为第一原则，即在资产配置中配置一定比例的风险型产品和一定比例的稳健型产品，并根据市场的变化来定期调整二者之间的比例。

投资组合保险策略通过静态或动态的配置方式，把风险控制在一定的范围之内，它和固定比例的投资策略正好相反。当市场行情转好时，投资家庭需要追加投资，而在市场行情变坏时，则需要减少投资。

如某投资家庭将资产全部配置为现金和股票。那它投资在股票上的资产金额可以通过下面的公式算出：

$K = m \times (V{-}F)$

在这个公式中，K 是需要投资在股票中的金额，m 是投资者可以承担的风险系数，V 是家庭总资产的初始值，F 是家庭可接受的总资产市值下限。

如家庭的总资产为 200 万元，可接受损失为 20 万元，那这个家庭可接受的总资产下限就是 180 万元。在投资组合保险策略中，180 万元是他们的下限，无论市场向上还是向下，他们都需要保住最基本的这 180 万元。

如果风险系数 m 是 1，家庭的股票投资额是 20 万元，当股票市值上涨 10 万元时，该家庭的总资产是 210 万元，其应该投资在股票中的金额是 30 万元，正好和原金额 20 万元加上上涨的 10 万元结果相等，因此不需要进行调整。如果风险系数 m 是 2，其股票投资额是 40 万元，仍然假设股票上涨了 10 万元，其总资产是 210 万元，此时需要投资在股票中的金额就变成了 60 万元，那该家庭就应该追加 10 万元现金购买股票，资产配置中变成现金 150 万元，股票 60 万元。如果股票市场下跌，该家庭的操作手法就应相反，将一部分股票卖出，及时止损。

本节小结

本节主要介绍是否调整投资结构。市场是不断变化的，投资产品的收益与风险也会随之变化。理财经理应该关注市场动向，在必要的时候帮助投资者进行投资结构调整。

7.5 是否进行收益再投资

收益再投资，是指在资产配置完成之后，如果获得了一定程度的盈余，即将这部分利润再次进行投资，以期获得更大的利润。

如果市场环境一直"理想"，收益再投资的结果将会是非常惊人的。很多人都玩过滚雪球的游戏：一个小小的冰块、石头，或者就是一把雪，将其在雪地上不断滚动，它就可能迅速变成一个大的雪球。只要玩游戏的人有足够的力气和兴趣，这个雪球就会越滚越大。这就是滚雪球效应。

有一道趣味数学题也能说明这个问题。荷塘里有一片荷叶，假设每天增长一倍，那么 30 天以后荷叶就会长满整个荷塘。虽然在前 20 天里人们可能会忽略荷叶的变化，但在最后几天里，荷叶的变化却相当明显。收益再投资也是，如果持续不断地将收益进行再投资，假设市场一直有收益，那投资者的本金也会越滚越大。并且到最后，它带来的效果连投资者自己都可能会觉得惊诧。

这被称为复利，连爱因斯坦也曾惊呼："复利是世界上最伟大的力量。"当然，在投资中不可能有随时翻番的情况，但就算每年收益一两成，结果也会是非常惊人的。如，某人投资 1 万元，以年收益 10% 来计算。第一年后本息合计达到 1.1 万元，第二年再将这 1.1 万元用于投资，年收益还是 10%，到这年底就有了 1.21 万元。以此类推，在第八年时他的资金已经达到了 2.14 万元，翻了一番。而如果年收益达到 20%，那在三年后他的资金就会翻番，如果本金是 10 万元，那三年后就会变成 20 万元。

在说到收益再投资（复利）时，通常人们会提到一个"72法则"，就是假使投资的年收益均为1%，经过72年，投资者的投资总额就会翻番。以此类推，如果每年的收益达到5%，那么14.4年后投资者的本金也会翻上一番。

> 1972年时，巴菲特以2 500万美元的价格买入了喜诗糖公司的股份，买入时的市盈率为12。当时，喜诗糖公司的销售额有3 133万美元，利润约208万美元。在之后的35年时间里，喜诗糖公司共为巴菲特贡献了13.5亿美元的利润，而巴菲特仅动用了3 200万美元来补充该公司的运营。

在巴菲特的收入中，有一部分占比非常大，那就是他将每年的盈余用作了再投资。

从这几个例子来看，收益再投资无疑是诱人的，但是不要忘记，再投资的风险也是巨大的。前面成功的例子都建立在市场基调很好的情况下，如果市场表现不佳，收益再投资也可能造成无法承受的风险，不仅本金遭受了损失，原有的收益也会一块儿搭了进去。

如你有200万元投资资金，赚了一倍后资产达到400万元，如果接下来再亏损50%，则你的资产又回到200万元。但是资本市场的逻辑却是，亏损50%永远比赚到100%要容易得多。因此，再投资的风险将比原来的风险还要大，家庭投资者必须要谨慎操作。

其实，投资市场中最忌讳的就是"贪婪"。如果理财经理和家庭已经设立了投资目标，在现有资产配置能够达成这个目标的情况下，就不必进行收益再投资。如果其间家庭的投资目标有了调整，变得更高更大，现有资产配置已经无法满足既有的目标时，在没有新的资金作为补充的情况下，可以适度地考虑进行收益再投资。总之，我们的投资都要围绕投资目标来进行操作，偏离目标的"贪婪"在第一时间就应该被扼杀掉。

本节小结

本节主要介绍是否需要进行收益再投资。如果市场投资环境理想，收益再投资未尝不可；如果家庭需要这笔资金，就没必要进行收益再投资。理财经理应该根据家庭的实际情况做出判断，并且一定要提醒投资者切莫贪婪。

下 篇

理财师工作技巧

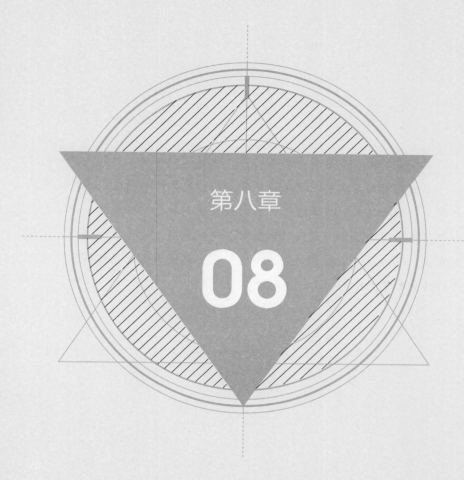

第八章

08

巧用保险搭建家庭资产防护层

保险曾经是很多家庭会忽略的资产配置组成部分，但其实保险对于任何一个家庭都极其必要，也是必须要动用一定比例的资金来进行配置的资产部分。保险与其他投资理财产品的最大区别就是它的保障属性，它能在一个家庭遭遇一些不可预知的风险时避免家庭因此遭受重大损失，从这一点来说，保险就是家庭资产的一个防护层，将这个防护层搭好了，家庭资产必将更加安全稳固。

案例引入

周先生："我在成家以后会调整我的保单，以前我投保只是为了我个人，成家以后我的投保就会兼顾整个家庭。投保的目的发生了变化，保单自然也要相应地进行变化。"

高先生："我没有想过要调整保单。我觉得购买保险就要一次买够，把一生可能的风险都转嫁给保险公司。调整保单不也是一件很麻烦的事吗？"

廖阿姨："我买过三次保险，第一次是别人的推荐，买了投资险；第二次是我个人觉得应该买些保障险，就买了医疗险；第三次是我发现有亲戚生了重病，心里担心，就又找人给我设计了一份医疗险。我觉得购买保险是要因人而异、因时而异的。"

刘小姐："在购买房屋之后，我应该会调整我的保单，毕竟买房差不多要花光我的积蓄。假如之后生了大病，没有积蓄治病是件很麻烦的事，如果购买了医疗险就会好很多。我最近因为工作的原因需要经常出差，我也想追加一份意外险，也是为自己多建立一份保障吧。如果以后收入还行，我还准备投保养老险。"

8.1 保险是家庭资产配置的基石

保险是一种十分古老的风险管理方法，中国自古就有"天有不测风云，人有旦夕祸福"的说法。但是在中国人的投资策略中，购买保险的观念一直都比较淡薄。

有的人认为保险看不见摸不着，投资保险就是雾里看花、水中望月，不但解不了饥渴，还会搭上一笔钱。而且中国人对保险行业有着极大的顾忌，因为常有周边人被保险推销员蒙骗，结果便会对保险持怀疑态度。

但其实，保险和储蓄、投资一样，都是保障日常生活的必要手段。储蓄和投资是为了未来有更好的生活，保险则是为了应对可能发生的危机，从而降低灾难对一个家庭造成的影响。

前面我们讲过标准普尔家庭资产配置图。这个图中就约定家庭要留出20%的资金作为保命的钱，专款专用，以小搏大，用以解决家庭突发的各种状况。

在全球范围内，美国可谓是保险业最为兴盛的国家。美国人基本上都有购买保险的意识，保险在资产配置中的配置比例也较接近于标准普尔家庭资产配置模式。其实，不只是美国，发达国家的家庭资产结构都和标准普尔家庭资产配置比较类似。而中国人的保险占比则很低，商业保险的占比则更低。

保险作为一种契约，实际上有着保障、储蓄、盈利等多种功能。保障，就是在家庭成员遭遇不幸或家庭财产遭受损失时，能够得到一笔赔付金，这正是保险与其他投资标的最大的区别。储蓄是指保险也可以成为一种理财方式，如子女教育保险、养老保险等。盈利主要是分红险等险种带来的，它兼有投资的功能，在保险公司获利时，投资人也能分到一定的红利。

可能有的人会提出疑问，理财的方式多种多样，为什么非得要配置保险？要知道，保险的保障功能是任何一种投资理财产品都不具备的。保障是每个人都需要配备的，如果将家庭的投资结构看成是一座金字塔，那么保险就是这座金字塔的基石。没有保险，其他的收益再多也不一定安全。更何况，保险扮演的角色还包括稳定合理的现金流、能够保值的资金回报等。保险就像一辆车辆的轮胎，虽然不起眼，但其重要性却不亚于车辆的其他任何部件。

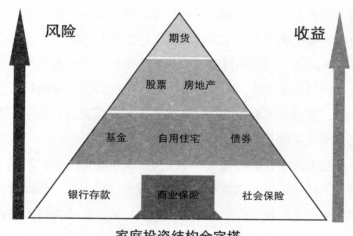

家庭投资结构金字塔

保险中的社会保险我们这里暂且不论，商业保险是社会保险的有效补充。如医疗保险，社会医疗保险的保障范围和金额都很有限，商业医疗保险却能全面规避家庭里医疗费用的风险，即使是享有较好社会医疗保障的公务员群体，购买一份商业医疗保险也是很有必要的，可以为自己的身体健康多增加一份保障。

商业养老保险也是一样。有的时候，养老保险比子女还可靠。只要投保人在年轻时定期缴纳保险费用，等到一定年龄就可以持续、定期地领取养老金。每个人都有年老的一天，养老金也是每个人都应该规划的事情，养老保险正是迎合人们养老需求的一种保险产品。

其他诸多品类的保险也是类似的情况：家庭财产险可以保障家庭财产的安全，交通意外险能使家庭成员在发生交通意外时获得一笔可观的赔偿金……

可以说，保险就是家庭资产中财富安全的基础，每一个家庭都应该购买保险。但其中又有些区别，有一些人对保险的需求可能还应该更迫切一些。如收入极度不均衡的家庭。在这样的家庭中，可能全家有70%的收入都来自于某一个家庭成员，一旦这个家庭成员发生了危险，整个家庭的经济就可能瞬间崩塌，家庭的生活质量也会急剧下降。对于这种家庭，给主要家庭成员购买保险就是必须要考虑的事情。

还有一些高收入但负债的家庭。这样的家庭有可观的收入，但有着多项贷款，如房贷、车贷等，家庭的经济收入也主要由家庭成员来负担，一旦出现不测，家庭收入来源中止，遗留下来的麻烦将会是其他家庭成员难以承担的。所以这类家庭也属于迫切需要购买保险的一类。

从年龄段上来看，一般儿童和学生可投保学生平安险，青年人收入有限，消费支出较多，当务之急是购买一些意外风险保障型和医疗费用补充型的保险；随着重大疾病发生群体的年轻化，青年人也可以考虑购买一些重大疾病保险；中年人处在事业的巅峰状态，经济也较为宽裕，但压力也很大，可以投保一些高额的意外伤害保险和重大疾病保险，避免意外发生时整个家庭陷入危机之中，根据分散投资的原则，还可以购买部分分红型或投连型保险；老年人投保会有很多限制，可以购买一些定期寿险产品，也可以选择购买一些有保障功能的分红型保险产品。

此外，人们的职业不同，选择的保险也会有所差别。如果女性是一个家庭的经济支柱，就可以考虑购买相关的女性重大疾病险。有些高危职业人群，则需要购买一些职业意外险，如专门为经常出差的人士提供的航空险，专门为执法人员提供的执法人员意外伤害保险、公安民警定期寿险等。

每个家庭都有每个家庭的实际情况，对于保险的选择也不尽相同，理财经理可以根据实际情况来具体搭配。意外险＞健康险＞子女教育险＞养老险＞投资型保险＞资产传承功能的保险，这样的原则还是要遵循的。

总的来说，对于资产配置这件事而言，可以没有天上掉下的馅饼，也可以没有如潮汹涌的现金流，但绝不能没有保险。现在经济下行，在投资环境并不佳的市场环境中，保险的重要性更加不言而喻。在家庭遭遇意外或危机时，保险就是其中的救命稻草，也是安全上岸的一叶扁舟。

本节小结

本节主要介绍保险是家庭资产配置的基石。保险就是家庭资产中财富安全的基础。理财经理应该根据家庭对险种的需求来进行搭配。一般应遵循的原则是：意外险＞健康险＞子女教育险＞养老险＞投资型保险＞资产传承功能的保险。

8.2 银行保险业务的布局

很多人提到保险时很自然地就会联想到保险公司。其实，随着社会的发展，银行也开始有了保险业务，但银行保险业务并非是由银行单独开发的，而是银行与保险公司合作，通过共同的销售渠道向客户提供保险产品和服务。

银行保险始于欧洲，在中国市场尚处于起步阶段。银行保险是银行与保险公司强强联手，与传统的保险销售方式相比，算是客户、银行、保险公司"三赢"的格局。

银行保险作为一种新型的保险概念，对于消费者来讲，它不再通过保险公司介入，只需通过银行的柜台或理财中心进行简单的操作就可以购买，大大简化了客户购买保险的流程。同时，家庭投资者也便于将其与家庭预算结合起来考虑，能够更好地选择符合自己需求的险种。此外，银行保险产品的成本也很低，而且安全可靠。

我国的银行保险业务开始于 2000 年。自平安保险通过银行渠道销售保险以来，各大商业银行先后布局了保险业务，开展银保合作。银行保险也开始成为继个险、团险之后的又一重要保险销售渠道。目前，我国的银行保险大致有三种业务模式：

一是保险公司提供产品，银行纯粹担任销售代表的角色，收取的也只是手续费；二是银行与保险公司签订了长期的战略合作关系。银行除了收取保险产品的手续费，还会分享一定程度的保险利润；三是银行入股保险公司，也参与保险产品的设计，共同经营保险业务。

在上述三种模式中，目前第一种模式在各大银行中最为普遍。

银行保险主要有两类：分红险、投资连结险，两类保险的风险和收益依次递增。

分红保险前面已经介绍过很多，它是保险公司在一个会计年度结束后，将这一年度的可分配盈余按一定比例以现金红利或增值红利的方式返还给被保险人的一种人寿保险产品。也就是说投保人购买分红险后不但可以享受到一般的保险保障，还可能会分得一些红利。在世界寿险市场上，分红险是一种主流产品。

分红险的可分配盈余来自于保险公司设定的死亡率、投资收益率和费用率与实际的差异。如果实际投保人群的死亡率低于假设或者实际投资，收益高于假设，这种差异就会让保险公司有一定程度的盈余，从而有红利可分。

在分配额度上，中国保监会做出了以下规定：保险公司每年至少应将分红保险可分配盈余的70%分配给客户。红利分配有现金红利和增额红利两种方式。现金红利是直接以现金的形式将盈余分配给保单持有人，增额红利则是指整个保险期限内每年以增加保险金额的方式分配红利。目前，分红险的主要分红方式是现金红利。

投资连结险也是含有保障功能但又兼具收益功能的一个险种，它是包含保险保障功能并至少在一个投资账户拥有一定资产价值的人身保险产品。投连险没有固定的利率，保险公司会将客户的保费分为"保障"和"投资"两部分。二者中"保障"只占较少的比例，重点还是在"投资"上，这部分"投资"由专业的投资机构进行运作。如果盈利，投保人就会获得一定程度的收益；亏损也是由投保人承担，保险公司并不承诺保证本金的安全，它的风险比分红险要高。

在这两种银行保险业务里，分红险风险最小，它给客户承诺固定的保险利益，而投连险风险最高。分红险比较适合于愿意短期投资而又不想承担风险的家庭；投资连结险为长期寿险量身定做，比较适合于缴费期长达 20 ～ 30 年的家庭。

分红险、投资连结险的初始费用、保险费、管理费、手续费等在保险期间都将按一定比例扣除。投保初期，保险公司会投入较高的成本，扣除费用的比例较大，现金价值低；随着时间的增加，成本不断降低，扣除的费用也会有较大的下降，现金价值累积加快，再加上红利分配，其投资功能才能体现出来，但这往往需要经过较长的时间。

本节小结：

本节主要介绍银行保险业务的布局。银行保险业务是银行与保险公司合作，通过共同的销售渠道向客户提供保险产品和服务。一般有三种业务模式：一是保险公司提供产品，银行担任销售的角色，收取手续费；二是银行与保险公司签订了长期的战略合作关系，银行除了收取保险产品的手续费，还会分享一定程度的保险利润；三是银行入股保险公司，也参与保险产品的设计，与保险公司共同经营保险业务。银行保险有分红险和投资连结险两种保险模式。

8.3 保障型保险在资产中的配置

保障型保险，主要是指传统的具有储蓄性质的寿险。它一般有着固定的保单利率，并不随市场利率的变化而变化。投保人所能获得的保险保障是一个固定不变的给付金额。

保障型保险是一款防范风险的理财产品。当风险发生时，投保人会根据保险合同的约定，获得相应的保额资金。它其实也是一种金融商品，只不过是让资金在不同的时间和空间发生了转移而已，就像 1972 年诺贝尔经济学奖得主阿罗在《保险、风险和资源配置》一文中说的那样："保险合同实质上是一种条件性债权——以当前货币（保费）换取未来条件性的货币（保险赔付）。"

保障型保险通常分为消费型和返还型两种。

消费型的保险如人身意外伤害保险，这类保险的缴纳费用较低，保险的期限也不长，保险期满后保险公司不会返还保费，只是在意外出现时保险公司按合同给予赔付。投保人也可以通过持续不断地缴纳保费来获取不间断的风险保险。

返还型的保险如重大疾病保险。如果保险合同中列明的疾病发生在了被保险人身上，保险公司就会给予一定的赔付。这类保险通常需要缴纳保费的年限比较长，有 10 年交、20 年交等。同时，它的保险期限也较长，可以保障到 60 周岁、70 周岁等。

相比较而言，返还型保险的保费比消费型的保险要高，但返还型的保险到期后能连本带利一起返还投保人。

保障型保险应该是家庭的必备产品。前面已经说过，保险是家庭资产配置的基础，保障型保险就是这个基础，它能使投保的家庭用少量的保费支出来换取较高的保费额度，把出现意外后的损失转嫁给保险公司，降低这些风险给家庭自身带来的伤害。

总的来说，保障型保险的保费支出以占到家庭年收入的 10% 比较划算，这样既不会给家庭资金带来压力，又能让家庭得到一定程度的保障。但是，消费型和返还型的保险应该如何配置呢？这就有点类似于"买房"还是"租房"的问题，关键还是要看各个家庭的实际情况。

从表面上看，消费型保险只是在出险时才有赔付，返还型保险却能连本带利一起返还。但是，实际情况却是返还型保险的保费比消费型保险的保费要高得多，而且它的利率甚至不及银行的定期利率。

如某消费型保险，投保人只要缴满 20 年就可以保障到 60 周岁，他每年缴纳的保费可能只需要 4000 多元，20 年总共需要 8 万多元。当然，如果被保险人一直都很健康，那投保人这 8 万多元就等于送给了保险公司。而同样性质的返还型保险有着同样的保障额度和保障期限，投保人每年可能需要缴纳 2 万多元给保险公司，20 年后就是 50 多万元。如果投保人到时健在，保险公司就会将这 50 多万元加得到的利息一起返还，可能会达到 60 万元左右。

可见，消费型保险比返还型保险保费低，但不具备收益。返还型保险有收益，但收益率又不如其他理财产品。二者可谓各有利弊，至于如何购买，还得根据家庭的实际情况来定。

一般来讲，对于年龄结构较为年轻的家庭来说，这部分人群处于事业成长期，收入水平有限，可以考虑购买消费型的保险产品。那些缺钱的家庭更需要购买消费型保险产品。而对于家庭资产比较宽裕的家庭来说，如果坚信投资能够得到更高的回报，也可以购买消费型保险；如果不确信投资能得到足够的回报，就可以考虑购买返还型保险，毕竟这部分返还的钱日后还可以用作子女教育经费或者自己的养老费用。

在购买保障型保险的过程中，保险业有"两大风险，六种程度"的说法，即疾病风险：一般住院、重大疾病、疾病身故；意外风险：意外医疗、意外残疾、意外身故。在这"两大风险，六种程度"中，重大疾病、疾病身故、意外残疾、意外身故对家庭的影响尤为巨大，而且这些也是一般社会保险不能涵盖的范围，因此家庭在购买保险的过程中，这四种情况的保险可作为必须购买的范畴。

对于保费的支出，还是以年收入的 10% 左右为宜，可购买 10～20 倍年收入的意外险，以及 5～10 倍年收入的重疾险。如一个家庭月收入 2 万元，年收入 24 万元，可支出 10% 购买保险即 2.4 万元，用以购买年收入 10 倍即 240 万元的意外险和年收入 5 倍即 120 万元的重疾险。

总的来说，购买保障型保险时需要理财经理给客户家庭做一个需求分析，将客户家庭所需的保险按先后顺序做一个排列，并且明确客户适合消费型的保险还是返还型的保险。在此情况下，再优先考虑客户最急需的险种，对于那些可能带来较高损失的因素需要投保较高的额度。

本节小结

本节主要介绍保障型保险在资产中的配置。保障型保险主要是指传统的具有储蓄性质的寿险，是一款防范风险的理财产品。保障型保险通常分为消费型和返还型两种。购买保障型保险时，需要理财经理给客户家庭做一个需求分析，优先购买最急需的险种。

8.4 期缴型保险在资产中的配置

对于保费的支出，保险业中有趸缴和期缴两种方式。**趸缴就是一次性缴足所有保险费，期缴则是分期缴付**，一般是一年一次，直到保险金给付的前一年，也有按月进行缴付的。因此，对期缴型保险可以作如下的定义：**在一定年限内，每隔一定的时间缴纳一定金额的保险费的保险产品**。

期缴型保险的期缴年限有三年、五年和终身缴等，领取方式有即期领取、限期领取、年定额领取、逐年增额领取等。**如一份五年期缴的保单，投保人应该在五年的保费期限内完成保费的缴纳，然后在 20 年之后或是年满 55 周岁以后领取保费带来的红利**。

趸缴与期缴相当于购房中的全款购房和按揭购房，只有缴费方式上的区别，产品的主要功能和内容并没有显著的区别。**因此选择趸缴还是选择期缴主要在于投保人的购买能力和理财经理为其做出的理财规划**。

从好的方面来讲，期缴型保险对客户家庭来说不用一次性支出过多的保费，只需将总的保费进行拆分，短时间来看不会给客户带来什么压力，毕竟这个投入在固定的期限内是小额的，却同样能获得一定的收益。

就家庭的角度而言，收入有限的家庭可能只能选择期缴性的保险产品；而对于资金宽裕的家庭而言，如果保费的支出不会形成太大的压力，可以考虑趸缴。当然，资金宽裕的家庭也可以选择期缴型的保险产品，这样不但可以享受相应的风险保障，也能将需要后期交付的保险费用作为投资，获取更高的收益。

当然，期缴型保险最适合的还是子女教育险和养老保险。这两种保险都属于长期的保险产品，资金需要量也比较大。如果采用期缴的方式，对投保家庭不会有太大的压力；这种方式需要提早投保，时间提得越靠前，家庭最后得到的实惠也会越多。

不过，期缴型保险也有自身的缺点。因为期缴型保险的时间跨度比较长，且缴费次数较多，投保家庭很容易因为各种因素导致续缴中断，致使保单失效。趸缴相对来说就没有这方面的问题，而且手续比较简单，但趸缴的缺点就是资金的需求过大。

> 黄先生30岁，黄太太26岁，夫妻俩暂时无子女，夫妻俩月收入1.5万元，年收入18万元。在购买家庭保险时，如果选择趸缴，黄先生夫妻俩的经济实力无疑不太满足，因此期缴是较为适合黄先生夫妻俩的投保策略。
>
> 通过分析，由于黄先生高危工作的特殊性，可能有重大疾病的风险，于是理财经理建议他首先购买20万元保额的重大疾病险，每年约4500元保费，可以帮助黄先生在积蓄不多的情况下抵御重大疾病的风险。同时，给黄先生夫妇制订了一个养老年金计划，每年保费6 000余元，帮助他们在社保的基础上提高基本的养老保障。最后，可以再拿出部分资金用以购买和基金类产品挂钩的投资连结险，如提供20万元保额的定期寿险（60周岁内身故，理赔20万元保额），所交保费扣除费用后进入投资账户。
>
> 黄先生可以选择年缴保费5 000元，交费期10年，把扣除费用后的保费投入投资账户。他们还可以在年缴保费5 000元之外选择额外增加投资，以减少不必要的消费。现在夫妻俩无子女，可每月定投2 000元，有了孩子后经济紧张可以减少投入，如每月定投1 000元，同时连投资连结账户可以自由支取，以满足黄先生夫妻既需要增值又需要灵活支配的愿望。

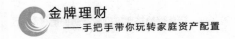

本节小结

本节主要介绍期缴型保险在资产中的配置。期缴型保险指在一定年限内，每隔一定的时间缴纳一定金额保险费的保险产品。这种保险类型比较适合家庭投保子女教育险和养老保险。

8.5 家庭长期保险理财计划

保险是家庭理财的首要基点，任何一个家庭都不应忽视。

一般来讲，家庭购买保险的步骤可分为：确定保险需求→选择银行或保险公司→选择保险产品→综合保险方案→确定购买额度→调整保单。

在确定保险需求时有一个"先急后缓"的原则。各个家庭情况不同，所适宜的险种也有所不同，理财经理应该做好规划。保险计划最忌的就是盲目，盲目投保不仅损失了金钱，也得不到应有的保障。在确定家庭保险需求时，理财经理应该用专业的方法对影响客户的各类需求优先程度的因素进行综合分析。

对于银行和保险公司的选择也要用科学的方法来进行比较。理财经理应该适时地将自己所在机构的财务健全程度、风险控制能力、信息透明度、顾客满意度等介绍给客户，打消客户的疑虑。

在选择保险产品时，一个不变的原则就是选择适合自己家庭的产品。保险并不是越贵的品种就越好，保险产品的价格其实并不与抗风险率成绝对的正比。尤其是购买意外险，一般相对于保额而言，价格应是越便宜越好，免赔额度则是越低越好。

另外，最经济的也不一定就是最好的。如重大疾病保险，趸缴就比期缴便宜得多。但是保险的本质还是抗风险，购买重大疾病险最好尽可能地拉长缴费的期限。

现在的单身族月收入多在5 000元左右，这时要考虑买房及未来可能发生的诸多事情，支出不会少，但保险也不可或缺，因此买一些储蓄型重大疾病险、意外险和医疗保险比较合适。而对于家庭来讲，资金支出的情况更多，各个方面都要花钱，为了替家人着想，家庭中的主要经济收入者更应该保证身体的健康，以保证自己赚钱的能力，这时更要有计划地投保。

选好了保险产品，接下来要评判一下这些产品是否合适。要权衡利弊，综合分析，尽量做出最优搭配的保险方案。

在家庭中，其实并不是每一个人都要买一份保险的，这样不仅开销很大，投保的程度也很琐碎。因此，可以考虑通过购买家庭保单的形式进行，将 N 份保单合并成一份，既省了保费又免去了一定程度的麻烦。

家庭保单以家庭为单位，投保人和投保人的配偶、父母、子女当中至少一人共同组成保险的被保险人，达到"全家一同买保险"的目的。对于大多数家庭来说，购买保险不是一次性购齐多个险种，而是在长期积累中完成的。随着时间的推移，有些险种可能会出现重复购买的行为，又或者只关注到某一点的保障却忽略了补充条文，而家庭保单正好避免了此类问题的出现。

家庭保单通常分为主险和副险，主险金额大，但主险与副险加起来，还是会比家庭成员单独投保要划算。

综合了保险方案之后就是确定购买额度的问题，也就是一个家庭究竟要购买多少费用的保险。购买额度也是从实际需求出发，这个实际需求是可以度量的，它需要理财经理用科学的方法分析消费者面临不同风险时所需的保障额度和实际购买力，并对两者进行合理的权衡和兼顾。总的来说，保障额度起码要保障生活的最低标准，可用公式表示为：保障额度＝家庭消费需求＋子女教育费用＋现有负债＋现有贷款＋人生最后一笔费用－现有财务资金。另外，实际购买力的大小则与个人或家庭收入水平有直接关系。

最后是调整保单。随着时间的推移，家庭的实际情况也会发生变化，如收入、健康状况等。这时就要对家庭保单进行诊治，找出其中的薄弱环节如超买或不足的部分，最终形成一个合理的保险结构。

如以家庭为线，青年、中年人应考虑养老、大病保险、意外伤害险，孩子首选学生健康险；如以职业为线，则可选择医疗津贴、大病医疗保险，以弥补患病时的损失等。

> 刘先生夫妻今年均36岁，女儿刘丽今年7岁，正读小学一年级。刘先生目前在一家贸易公司工作，月薪8 000元，年终奖40 000元。刘太太是一家民营公司的会计，月薪6 000元，年终奖5 000元，两人都有社保。另外，两人没有购买其他的商业保险。刘丽有学校统一缴纳的人身意外险。刘先生想咨询的是他们还需要补充哪些保险。

从上述资料可以看出，刘先生夫妇有社会保险，也有较好的单位福利，在保险方面因此需要重点考虑寿险、意外险和重大疾病保险。因此，理财经理建议刘先生夫妇每人购买保额20万元的重大疾病保险，两人保费支出为每年1万元。同时，也可购买意外保险，刘先生可购买保额为20万元、年缴费200元的保险品种，刘太太可购买保额10万元、年缴费100元的保险品种。另外，刘先生夫妇还可购买一份定期两全寿险，保额30万元，年限20年，每人每年缴纳保险费10 000元，以防不测时刘丽的生活、学习费用仍有着落。如果没有意外发生，刘先生夫妇也可领取30万元的赔偿金用于养老。而刘丽的教育资金则可通过定投平衡型的基金组合来获得。

本节小结

本节主要介绍家庭长期保险理财计划。家庭购买保险的步骤可分为：确定保险需求→选择银行或保险公司→选择保险产品→综合保险方案→确定购买额度→调整保单。理财经理应该帮助家庭根据这六个步骤制订保险理财计划。

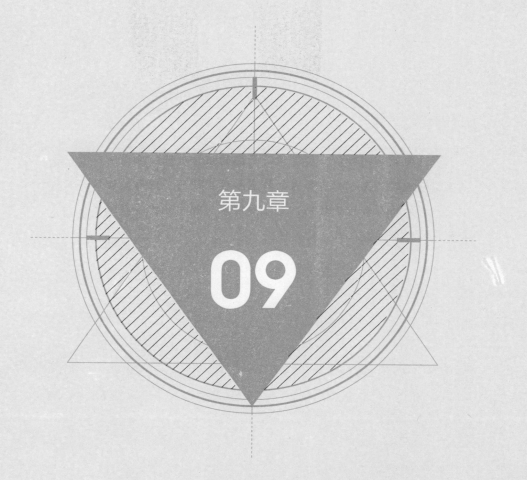

第九章

09

利用其他投资品种盘活客户资产

资产配置是一种多项投资理财产品的组合过程。除保险以外，其他每一项投资理财产品也都有各自的特点和投资技巧。理财经理只有掌握这些理财产品的特征和投资技巧，才能更好地为客户做出资产配置，并真正盘活客户的资金，赢得客户的信任。

案例引入

出租车司机张先生是一位老股民，但他不擅长钻研，炒股经验并不丰富。有一年牛市，他赶上了"牛尾巴"，着实赚了不少。那时他一个月的收益就能抵上自己开出租车大半年的收入。

尝到甜头的张先生干脆将自己的积蓄都拿了出来，投资在股票上面。没想到很快牛市变成了熊市，张先生的 10 多万元本金最后只剩下了 6 万多元，让他的心情几乎跌向了冰点。

亏了以后，张先生开始改变策略，用一知半解的技术打算东山再起。他采用短线快进快出的方式，找连续下跌三天的股票买进，第二天不管涨跌都出手。可时间长了，他发现仍然是赔。他又开始追涨，找几只涨停板的股票第二天开盘就买进，要是碰到涨停第三天，会继续持有到尾盘不能涨停了再卖出。如果买进当天就下跌了，就任它套着，除非跌破 10 日线。这完全是一种碰运气的手法，张先生很快又尝到了苦果，他的账户在持续亏损。

后来，张先生感叹：股市有风险，投资须谨慎。不懂投资技巧是无法在股市中游刃有余的。

9.1 股票应该怎样炒

股票从出现到现在，已经有差不多四百年的历史了，它是随着股份公司的出现而出现的。股份公司发行股票，实际上就是一种筹钱的方式，公司卖出股份筹得所需的资金，而投资者通过投资成为股东，到期可以参与分红；如果不愿意做股东，还可以将手中的股票进行转让，以获得其中的差价。

股票在证券市场中的交易单位为"股"，每百股为一手，委托买入数量必须为一百股或它的整数倍。在一个交易日内，除首日上市的股票外，每只股票的价格涨跌相较前一日收市的价格不能超过 10%。

购买股票是一种高风险的行为，能给投资者带来较高的收益，但也有着巨大的风险。前几年的"股灾"或许还让很多人记忆犹新。投资股票我们不能逃避风险，但也可以在一定程度上控制风险。

市盈率与股票价格指数

股票市场上股票的价格波动幅度很大。衡量股价高低的一个重要指标为市盈率，其基本算法是用股价除以每股的收益。换句话说，就是假设股票的收益都分给投资者，需要多少年才能收回本金。举例来说，某股票的市盈率是 12 倍，那就是它需要 12 年才能收回本金。一般而言，市盈率越高，股价就会越高，风险也就更大；市盈率越低，股价就会越低，风险也就更小。

市盈率只是一个基本的判断依据，它与股价有关系，但不是决定性的因素。决定股价的最根本的因素可能还是这个公司本身的业绩情况及行业方向。如果公司的业绩上涨，那它的股票就很可能大涨；如果公司的业绩很差，那它的股票的表现也好不到哪里去。

股票价格的波动，又产生了股票价格指数。股票价格指数是选取一组有代表性的股票，对这些股票的价格加权平均，通过计算得到的一组数字。股票价格指数可以衡量或追踪一组证券价格的变动情况。

通过查看股票价格指数，投资者即可知道指数内相关股份价格的整体变动情况。世界上著名的几种股票指数有：道·琼斯股票价格指数、标准·普尔股票价格指数、纽约证券交易所股票价格指数、日经指数、香港恒生指数、上证股票指数、沪深300指数等。

看懂K线图

K线图是股票市场形势最直接的反映，它又称蜡烛图，相传起源于日本的米市。K线图在分类上又有5分钟K线图、15分钟K线图、30分钟K线图、60分钟K线图、日K线图、周K线图、月K线图，甚至45天K线图等。它一般以时间和价位为坐标，横坐标是时间，纵坐标是价格。

每一只股票都有一个K线图，它是一条柱状的线条，由影线和实体组成，实体以上的细线称上影线，实体以下的细线称下影线。实体又分为阴线和阳线。其中，影线表明的是当天股市的最高价和最低价，实体表明的是当天股市的开盘价和收盘价。

K线图中有一条白色曲线和一条黄色曲线。通常在大盘指数上涨时，如果黄色曲线位于白色曲线之上，表明流通盘较小的股票涨幅较大；反之就是流通盘小的股票落后于大盘股。而当大盘指数下跌时，如果黄色曲线在白色曲线之上，表明流通盘较小的股票跌幅小于大盘股；反之就大于大盘股。

此外还有一条红绿柱状线，反映的是股票买盘与卖盘在数量上的比率。大盘上行时，出现红色柱状线，这个线条出现得越多，表示上涨的力度越大。大盘下行时，出现绿色柱状线，这个线条出现得越多，表示下跌的力度越大。

还有一条位于下方的黄色柱线，表示的是每分钟成交了多少手，最左边的是集合竞价时的交易量，后面是每分钟出现一根。成交量越大，黄色柱线就越长，反之就越短。

如果是短线操作，可以关注 5 分钟至 60 分钟的 K 线图；如果是长线操作，可以关注周 K 线图、月 K 线图。一般周 K 线图、月 K 线图处于高位时，股市整体的价格风险就较大，这时就要控制仓位。而当周 K 线图、月 K 线图处于低位时，股市整体价格风险较小，可以适当提升仓位。

持有合理的股票结构

客户投资者投入股市的钱购买哪些股票，对于最后的投资收益有着很大的关系。现在我国沪深两市股票种类众多，这些股票分属于不同的地区和行业，且股本结构、投资方向和经营管理状况都不一样，因此股票市场表现也有很大的差别。投资者要获得好的回报，就应该选择那些市场表现更好的股票。

但是我们不能准确地预判哪只股票就一定会上涨，通常只能从低市盈率的绩优股着手。这些股票有业绩的支撑，其抗跌的能力也要优于其他股票。除了绩优股，还应当持有潜力股，现在的潜力股就可能是今后的绩优股。购买股票其实也相当于购买的是未来，持有潜力股就是在为未来的收益做准备。

此外，还要注意仓位的比例。所谓仓位的比例，是指投资者持有的股票筹码与账号中资金的比例，也即投资者持"筹"与持"币"的比例。

持"筹"是机会，持"币"也是机会。在某种程度上来讲，持"币"比持"筹"更为重要，持"币"是一种规避风险、自我保护的方法，有着合理的币筹比例，投资者手中就会永远留有一部分资金，可以机动应对变幻莫测的股市，有机会时抓住机会。当然，合理的币筹比例也不是一成不变的，通常高位不满仓、低位不空仓才是正确的投资方式。

辨别有价值的股票

我们说了股票结构中要有绩优股、潜力股，可是这些股票不会自己标明自己是否是绩优股、潜力股，因此还需要理财经理和投资人擦亮自己的眼睛，理性地进行判断。

挑选股票的原则通常有三条。

一是通过市盈率来选择股票。假如理财经理有某只股票的价格和未来的收益预期，就能将它和别的股票进行比较，判断它的市盈率是多还是少，以此来调整买卖的策略。如果股票的价格低于我们的预期，就可以买进，反之，则是需要卖出的时机。

二是比较热门股和冷门股。冷门股指那些通常不被人注意的股票，如果它们碰上机会，甚至可以爆出大冷门。冷门股是否能够爆发，可以通过查看公司经营状况是否良好、市盈率是否比同行业股票低、成交量是否逐渐放大来判断。而热门股是那些比较活跃的股票，投资者也很关注。与别的股票相比，热门股通常风险较小、收益较大，也较为稳定。有可能成为热门股的股票有着以下特征：出现利空消息时股价并不下跌，而在有利好消息时股价则大涨，成交量非常活跃。不过也要注意，热门股和冷门股都是在变化中的，现在的热门股、冷门股在未来也可能变成冷门股、热门股。因此理财经理和投资者在选择时，也没有特定的模式，重点还是要有自己的判断。

三是挑选黑马股。黑马股拥有突然爆发的潜力，这种股票通常都在低价位启动，但之前从不被投资者看好。不过这种股票可遇而不可求，不要花时间去专门寻找，骑上了黑马固然好，骑不上也没关系，只要最终达到目标就可以了。

长短线投资技巧

长线即长期持有，就犹如养鱼，等鱼慢慢长大后再捞起；短线即短期持有，就犹如网鱼，看到鱼就收网。

长线投资时，最好选择那些业绩优良、发展势头良好，并且对其有充分了解的公司的股票。长线投资时，投资者还需要把心态放平和，不因市场短暂的波动而改变策略，坚信自己的判断很重要。

短线投资可以加快资金的周转，但也会付出一定比例的手续费。对散户来讲，短线投资是一种比较好的策略。短线投资的对象，应该是那些受到市场关注但是大多数投资者还在犹豫是否介入的股票，最好是挑选那些走势很强的龙头股，而不是那些补涨或跟风的股票。在冷门板块中，如果发现前期暴跌的股票有反弹的迹象时就可以跟进，然后第二天出货获利。短线投资在资金的运用上切忌全仓进出，要做到有盈利就走，没有一定的把握就不要长时间持股。另外，还要注意设好目标、止损位。原则上有 3% 或 5% 的盈利，就可以立即卖出。投资一旦失败也要有勇气止损出局，这是保护资金的铁的定律。

解套的方法

在股市中，投资者被"套住"是常有的事。其实，购买股票被套住后也不是没有"解套"的可能，关键是要讲究方法。

第一种方法是及时止损，以免股票继续下跌造成更大的损失。这种策略一般适合于短线操作，或是持有劣质股票的时候。

第二种是曲线"T+0"。"T"是交易的当天，而我国股市实行的是"T+1"制度，就是当天买入的股票，需要第二天才能卖出。要做到"T+0"，就是在手中持有的套牢股票出现上涨时，先购买同等数量的股票，等价格上涨到预定的高度时，再将之前被套的股票卖出。而如果持有的股票出现下跌，那就先将股票卖出，等到其价格降到较低时再买入同等数量的股票，以此获取差价。

第三种方法是换股。对于手中题材不好的股票，就要忍痛割掉，换进那些题材较好的股票，以此避免自己遭受更大的损失。

还有一种方法是向下摊平。如果手中套牢的股票没有发生变化，这时就可以不断买进下跌的股票，逐步摊低自己的持股成本，等待股价回升后获利。

如果是已经被深度套牢，既不能割，又无力补仓，这时候恐怕就只能耐心等待了，只要手中的股票没有脱手，就不能认为是亏了血本。只要耐心等待，就可能有回本的一天，无非是输了时间而已。

本节小结

本节主要介绍股票应该怎么炒。购买股票是一种高风险的行为，理财经理必须掌握的技能有：市盈率与股票价格指数、看懂K线图、持有合理的股票结构、辨别有价值的股票、长短线投资技巧、解套的方法。

9.2 基金的投资策略

对于基金，普通的家庭投资者一般缺乏专业的知识，喜欢随潮流而动，看见别人买了自己也买，这显然不是正确的投资基金的做法。理财经理则不一样，在家庭投资上，理财经理可以成为家庭投资者的必要辅助，帮助他们科学合理地做好基金的投资。

基金名目繁多，在购买之前研究它的过往业绩是十分有必要的。这个过程就好比一个新来的老师，会通过观察一个学生过往的考试成绩来判断他的优秀程度一样。尽管以前的考试成绩（基金的过往业绩）可能并非是最好的指标，却是现实可用的一项指标。那些表现优秀的基金，往往有长期稳定的盈利能力。

考察基金的过往业绩时，要注意的是需要将它和同类型的基金进行比较，不光要比较基金的回报率，更需要关注的是这些基金在为客户带来收益的同时，也为客户带来了多大的风险。如果有两只基金的收益率比较相近，最好选其中那只波动相对较小的基金品种。

"詹森指数"是用来评价基金投资绩效的重要指标。它在 1968 年时由美国经济学家詹森提出，用以评估基金业绩优于基准的程度。投资基金有风险，而风险又和收益是成正比的，詹森指数就是衡量基金是否取得了超出它所承受风险的超额收益，用公式表示为：基金实际收益＝詹森指数（超额收益）＋因承受市场风险所得收益。如果詹森指数大于 0，表明基金的业绩表现优于市场基准，数值越大，业绩越好；反之，数值越小，业绩越差。

在选择基金的同时，理财经理也要比对这只基金是不是适合当前的投资家庭，毕竟不同的人群所选择的基金组合也是有差别的。

进行基金组合时，最好根据客户的风险承受能力确定一个明确的投资目标，然后选出几只业绩稳定的基金组成核心组合。一般大盘平衡型的基金比较适合用作长期投资目标的核心组合，而短期和中期波动性较大的基金则比较适合短期投资目标的核心组合。有种可以借鉴的简单模式是：集中投资于几只可为投资者实现投资目标的基金，再逐渐增加投资金额，而不是增加核心组合中基金的数目。

挑选基金的核心组合应该注重那些业绩稳定、波动幅度不是很大的品种，这些基金品种可以占到基金投资比例的一半左右。理财经理可以经常关注这个核心组合的市场效益是否良好，如果它的表现经常落后于同类型的基金，那么就要考虑更换了。

要注意的是，基金组合的分散化程度永远比基金数目重要。如，如果投资者手中的基金全是某一行业的或全是某一类型的，那它的数目再多也没有真的分散风险。

关于基金的投资策略，以下五点可以作为参考。

定期定额投资

定期定额投资，也就是俗称的基金定投，指在固定的时间以固定的金额投资于开放式基金，有点像银行的零存整取。只不过不同的基金公司设立的定投最低金额可能会有差别。

基金定投可以摊平成本，分散风险。定期定额投资基本是无视市场变化的，每个月固定的一天投资固定的金额，银行自动依据基金净值计算可以买进的基金份额。

定期定额投资适合长期的基金投资，因为资金应分批次进场，当股市在盘整或是下跌时，可以越买越便宜，股市回升后的投资报酬率也优于单笔投资。

对于定投的期限，如果这笔资金会在 3 ～ 5 年内使用，可以选择股票仓位比较低的混合型基金，回避那些风险较高的指数型基金和股票型基金。如果定投的期限规划比较长，如用于 10 年或更长时间的子女教育或养老金的规划，就可以适当地在客户的风险承受能力基础上投资一些优质的股票型基金。

智能定投投资

定期定额投资时，投资者不需要判断市场的变化，只要保持原有的规律操作即可。但如果投资者想在基金市场低点时买进更多份额的基金或是想在基金市场高点时买入更少份额的基金，这时就可以选择智能定投的方式。

智能定投是从定期定额投资中演变出来的，表现为定期不定额的方式。即使投资者设立了定投的日期，但投资金额是不固定的，这个投资金额将会由投资者设立的买卖临界点来确定，它会控制在投资者自行设立的区间以内。这种方式能够实现投资者想要逢低多买、逢高少买的想法，从而获得相对更高的收益。

适时进出投资

这种投资策略指的是理财经理和投资者根据市场的变化，基于自己的判断，选择进出基金市场的时机。如果做出了市场向上的判断，就可以尽可能多地买进；如果做出了市场向下的判断，则需要卖出手上的基金。

适时进出投资需要做出科学合理的预判，如果操作适当，就可以获得比较可观的报酬。但它的风险系数也较高，毕竟不是谁都能准确预测市场的变化情况的。

利息滚入本金投资

基金的收益在很大程度上来源于利息、股利和资本的增值。在目前的市场上，有的基金是配息配利，有的基金是将利息、股利等分配给投资者，投资者可以选择将这些收益滚入本金，以此换取额外的股份，从而让资产不断成长。

固定比例投资

固定比例投资和我们之前讲的资产配置组合的固定比例方式一样，就是在单纯的基金组合中也采取固定比例的投资方法，将一笔资金按照固定的比例分散于不同各类的基金中。如果某只基金发生了变化，就调整基金组合的结构，使其维持原有的比例不变。固定比例投资可以分散投资成本，抵御投资风险，还能见好就收。

如，一个投资者在基金组合中，定为 50% 的股票型基金，35% 的债券型基金和 15% 的货币市场基金。如果股价上升，股票基金就可能增值，其比例有可能达到 70%。这时就需要卖掉部分股票基金，让这个组合恢复到原来的比例，也就是股票基金仍然占比 50%，债券基金仍然占比 35%，货币市场基金仍是 15%。如果股票行情不佳，股票基金有可能占比不到 50%，这时就需要卖掉部分债券基金和货币市场基金，还使其维持原有的比例组合。

当然，这种固定比例的投资策略也不是一遇到变化就要进行调整，通常会调整在固定的期限内进行，如每 3 个月或每半年调整一次。

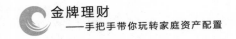

本节小结

本节主要介绍基金的投资策略。理财经理需要掌握的主要基金投资策略有以下五种：定期定额投资、智能定投投资、适时进出投资、利息滚入本金投资、固定比例投资。

9.3 债券投资的技巧

债券是一种有价的证券，属于比较稳健安全的一种投资理财产品，多为保守型的投资人士所偏爱。

在我国的债券中，国债尤为多见，记账式国债是大多数投资者会选择的品种。记账式国债可以随意买卖，且利息一直会算到交易的前一天，还可以挣到差价。这就好比投资者养了一只母鸡，不仅平时可以吃到这只母鸡下的鸡蛋，在将它卖出时，如果它的体重增加了，还可以获得这增加重量的收益。

买卖债券一般在债券市场中进行，我国的债券市场有一级市场和二级市场之分。一级市场是发行市场，二级市场是债券投资者进行买卖的市场，由银行债券市场和交易所债券市场组成。

在债券的投资中，影响债券价格的因素是理财经理和投资者必须要关注的部分。

在影响债券价格的因素中，市场利率和债券价格是其中最关键的部分。在债券的投资品种中，一般最安全的债券其利率也最低，如国债和地方政府债，它由国家和地方政府发行，具有高度的信用基础，其利率就会低；而公司债券由公司发行，但公司经营本身存在着许多不可预知的风险，因此公司债券的利率相比国债较高。这就好比两个朋友向你借同样数量的钱，一个你信得过，而另一个对你而言信任程度就稍低，在你选择时，你可能就会向那个不太信任的朋友要求更高的利率。

债券价格并不就一定是票面价格。如一只面值 100 元的国债，利率为 3.2%，十年到期。但投资者在购买这只国债时，有时是可以按打折价购买的，这主要是资本市场利率的变化导致的。如可能实际购买价仅为 90 元，如此一来，如果到期后你仍以 90 元的价格将它卖出，那这只国债的实际收益率就可能达到 3.6%。如果到期卖出时，价格发生了变化，则需要加上差价来计算实际的收益率。通常来讲，类型相同、到期日相近的债券，其实际的收益率都不会相差太大。

另外一个影响债券价格的因素是债市和股市。对应于经济形势，债市和股市的市场反应恰好相反。有时候，股市的利好消息落在债市上就可能是负面的消息，因此我们通常可以看到债市和股市的价格是呈反比的，你高我低，你低我高。因为债券和股票都是向投资人筹钱的理财产品，如果投资都涌向股市，那冷清的债市必然不会有好的价格；而如果大家都跑向债市，冷清的股市也不会有好的市场。当然，也不排除股市和债市同时涨跌的情况，如某个新政极大地鼓舞了投资者的信心，那二者就可能同涨；反之，如果某项新政给投资者的信心造成了严重的影响，二者就可能同跌。

通常来讲，债券的投资方法有以下几种，理财经理可以作为参考。

梯子型投资法

这种投资法顾名思义，就是好比梯子一样，逐级递增。例如，有五种债券，分别是一年到五年期，假如投资者手中有 5 000 元，就可以每种债券投资一种。一年以后，卖掉一年期债券，收回本金 1 000 元，再用这 1 000 元买进五年期的债券，如此反复操作，在后续几年内投资者每年都会有到期的债券，也即每年都可能获得收益。这种操作方法是卖出债券都在到期日进行，不提前卖出，这样就可能用到期的资金享受到新的高利率，即便利率下降，由于错开了投资期限，也不会给投资者带来多大的风险。

杠铃型投资法

杠铃型投资法的模型类似于杠铃，两头大、中间小。即理财经理和投资者可以将精力主要集中在长期和短期债券上，而不购入中期的债券。其中，短期债券是为了保持资金的流动性，而长期债券则是为了获得较高的收益。理财经理和投资者可以根据市场的变化情况来调整不同债券的比例，如，在市场利率上升时可以适当增加长期债券的比例，而在市场利率下降时则可降低长期债券的比例。

保本投资法

保本投资法，顾名思义就是保证本金的安全。如投资者有 10 000 元本金用于投资，可以先选择一种收益率相对较高的国债作为主要投资对象，国债的风险相对较低，收益也较有保障，假如用 8 000 元购买这个国债，国债为五年期，票面利率 6.34%，五年后投资者能获得本息 10 536 元，大于 10 000 元本金，本金在保住的范畴以内。

而在保本的情况下，理财经理和投资者即可将剩下的 2 000 元投入其他投资市场，如股票或者基金。此时不管股票或基金的行情如何，投资者都会保证本金的安全，如果这 2 000 元获得了收益，那固然好，如果这 2 000 元亏了，投资者也没有损失，毕竟他的本金在债券上已经得到了保证。

逐次等额买进摊平投资法

逐次等额买进摊平法，是指我们在确定了投资某种国债后，选择一个合适的投资时期，在这个时期内定期定量地购入，而不去管这个时期内市场的变化，这样可以使投资者的每百元平均成本比平均价格低。如，确定购买一种五年期的国债，并且分五次购买，每次购进 100 张，按照价格来算，投资者每次买入的价格就可能是 120 元、125 元、122 元、126 元和 130 元。这样在投资计划完成时，投资者的买入成本就相当于 124.6 元，如果在债券价格上涨到 130 元卖出，投资者就能获得收益 2 700 元。不过要注意的是，在这种方法中，投资者需要严格控制自己投入资金的数量，不能因市场的变化受到影响。

本节小结

本节主要介绍债券的投资方法。通常来讲，债券的投资方法有以下四种，理财经理可以作为参考：梯子型投资法、杠铃型投资法、保本投资法、逐次等额买进摊平投资法。

9.4 外汇投资，巧赚跨国钱

外汇投资的交易成本低，交易时间长，一天 24 小时皆可操作，可以做多也可以做空。从某种程度上来说，外汇投资也是一项不错的投资理财品种。

要在外汇投资中赚到钱，基本靠的就是汇率的差价。决定汇率的因素有很多，基本理论有一种购买力平价论的说法，它是由瑞典经济学家古斯塔夫·卡塞尔提出的，这一理论的要点是说汇率其实是由货币购买力的比率来决定的。

如同一款商品，在中国需要花 8 元人民币买到，而在美国只需花费 1 美元，那就可以简单地认为 1 美元＝ 8 元人民币。但是如果这款商品在中国的价格下降到了 5 元人民币，而在美国市场它的售价仍然是 1 美元，那么人民币的价值就成了 1 美元＝ 5 元人民币，如果这款商品在国内的价格上涨到了 10 元人民币，但在美国它的价格仍是 1 美元，那人民币的价值就会变成 1 美元＝ 10 元人民币。

物价水平市场上是有升有跌的，因此汇率并不是一成不变的，它随时在发生变化。此外，市场上的供求平衡原则也影响着汇率。

既然汇率有经常性的波动变化，因此它就有投资的价值。同别的投资理财产品相比，它还有一些天然的优势。外汇本小利大，投资者只要在外汇市场上缴纳 1% 的保证金就能进行 100% 的交易，也就是说杠杆可以放大 100 倍，用小钱赚大钱。还有就是它的风险可控，一般外汇交易都会设置止损，如此一来，投资者的风险就控制在自己设置的损失额度内。另外，它还是双向交易的，只要操作得当，不管汇率升降，投资者都可以赚到钱。虽然外汇投资有诸多好处，但要谨记，所有的投资理财产品都是自带风险的，没有风险意识的投资永远不可能走向成功。

投资外汇的收益来源主要有两种：套利和套汇。

套利是指利用两个国家的利率差异，将资金从低利率的国家转到高利率的国家，以此赚取利息的差额。如投资者有 10 万日元，如果将这些钱存到银行每年只能得到 100 日元的利息，但如果投资者通过个人外汇业务把这些日元兑换成利率较高的美元，假如兑换成了 9 090 美元而且将这些美元存入银行，由于利率较高，一年之后得到的利息为 51.1 美元。假如美元对日元的汇率不变，一年到期后再将这笔钱本息一起转成日元，就会比单纯地将日元存入银行要多出 5 525 日元。

对于套汇，有一个经典的故事。

> 相传很久以前在美国和墨西哥的边境有这样一种货币兑换情况：在墨西哥境内，1 美元只值 90 墨西哥分，而在美国，1 墨西哥比索（100 墨西哥分）只值 90 美分。某一天，有个牧童身上有 1 墨西哥比索的现金，他在墨西哥的酒馆喝酒，花掉了 10 墨西哥分，剩下 90 墨西哥分，牧童在墨西哥境内兑换成了 1 美元。接着他又进入美国境内的酒吧，花掉 10 美分，再用剩下的 90 美分兑换了 1 墨西哥比索。于是，牧童每天来往两国喝酒，而他身上的现金却从不减少。这就是套汇，也就是捕捉时机，低买高卖，赚取汇率的差价。

知道了套利和套汇，我们再来看一看外汇买卖的操作技巧。

宁买升，不买跌

对于投资理财产品，一般来讲都可以在价格上升的时候买入，但除了在它上升到顶点的时候。也就是说，只要这个产品的价格不是上升到了顶点的那一点，都可以买入并获利。而在产品价格下跌时买入则不太可取，除非是它下降到了最低的点，只有这个点买入后才有可能获益，不然就永远有再跌的可能。因此，外汇投资也是一样，宁买升，不买跌，在价格上升的时候买入，其盈利的机会也比在价格下跌时买入要大。

金字塔加码

"金字塔加码"是指如果首笔投资顺利，在看到货币上升时，想要加码，就要逐次递减加码的金额，像垒金字塔一样，越到后来，加码的力度越弱。这样，即使市场表现不好，投资者的损失也不至于太大。

斩仓、建立头寸与获利

所谓"斩仓"，就是指在开盘后或所持头寸（投资者拥有或借用的资金数量）与汇率走势相反时，为了防止过多亏损，采取的一种平盘止损的措施。斩仓是投资者在外汇投资中必须要学的，有很多时候，斩仓都是必要的。如果市场下行，斩仓以后亏损成为现实，但不斩仓，投资者的亏损幅度还可能更大。它的效用就和股票里的"割肉"一样。

而建立头寸的意思指开盘，也称"敞口"，意思就是买进一种货币，但同时又卖出另一种货币。无论市场是上涨还是下降，一旦盘局结束，突破阻力线或支撑线，呈现了突跃式的上升或下降时，就是建立头寸的良机。

获利则是在敞口以后，当汇率朝着自己有利的方向发展时，此时平盘就可以盈利。如，当美元日元比是 1：120 时，将手中的日元换成美元，而在汇率变为 1∶122 时，再将美元换成日元，这样原先的 120 日元就变成了 122 日元，得到了 2 日元的利润。但需要注意的是，平盘太早获利不多；平盘太晚可能会延误时机，不盈反亏。因此，理财经理和投资者掌握获利平盘的时机是非常重要的。

本节小结

本节主要介绍外汇投资的技巧。外汇投资的交易成本低，交易时间长，理财经理需要掌握的操作技巧有：宁买升，不买跌；金字塔加码；斩仓、建立头寸与获利。

9.5 四两拨千斤的期货

期货是高风险的投资项目，它以保证金制度作保障。这种保证金制度的显著特性就是用较少的钱去做较大的买卖，即人们通常说的俗语"四两拨千斤"。

如，现在土豆的价格是 1.6 元 / 公斤，而投资者预测土豆的价格会上涨，在这种情况下一份土豆期货合约的价格就是 1.6 万（1 万公斤土豆），假如投资者要缴纳的保证金是 5%，那投资者只需花费 800 元就能买下这份合约。

合约买来后，其价值就会跟着土豆的实际价格发生变化。假如第二天土豆价格上涨到了 1.62 元，这份合约的总价就达到了 1.62 万，一天之内涨了 200 元。而你的买入价是 800 元，就相当于上涨了 25%，这就是以小博大。这 200 元就会转入投资者的保证金账户。但如果土豆价格下跌到了 1.58 元，那就等于这份合约一天内就下跌了 200 元。如果土豆价格持续下跌，保证金就会越来越少。一般投资者的保证金账户有一个维持保证金的最低余额，如果保证金的账面低于这个最低金额，投资者就必须补充保证金，否则就有可能被强行平仓。所谓平仓，即投资者卖掉这份合约，如果不平仓，最后投资者就要进行实物交割。实际上，大多数投资者都是通过买卖合约来进行的，只有很少的期货合约会进行实物交割。

我们从中可以看出，期货其实具有强大的投机性，这也是它高风险的一个表现。要想在期货交易中获利，必须要有过硬的水平和心理素质才行。

通常，期货的投资方式可以分为跨市套利、跨月套利、跨品种套利等。

跨市套利是在不同交易所之间进行的套利行为，也即投资者在这个交易所买入某一份期货合约，而在另一个交易所卖出这份合约。投资者通过这两个交易所之间的价格差异，来获得利润。如伦敦金属交易所（LME）和上海期货交易所（SHFE）都会进行阴极铜的交易，但它们的价格又有所差别，这便为跨市套利提供了机会。

如果跨市套利是地域的差别，跨月套利就是时间的差别，它指的是投资者在同一交易所，在不同的月份买入和卖出同一合约的行为。存在这种获利性的原因是，有很多农产品都有季节性，不同月份之间的价格有着明显的差异，于是跨月套利就有了可能。如选择价格较低的月份买进，而选择价格较高的月份卖出。跨月套利与商品绝对价格无关，仅与不同交割期之间价差变化趋势有关。

跨品种套利是指买入或卖出某一期货合约的同时，再卖出或买入有关联性的另一期货合约，二者产生的价差为套利提供了机会。

期货风险很高，一般家庭资产配置并不采用，如果要用要特别注意防范风险。适当地分散投资是分散风险的一种方法，如将资金分散到不同的期货合约中，但这样也不利于资金的集中使用。此外，如果出现了连续的成功就一定要减少交易。在期货投资中是没有人能永远赢下去的，只有稳扎稳打、步步为营，才能取得理想的战果。

本节小结

本节主要介绍期货投资的技巧。期货是高风险的投资项目，通常，期货的投资方式可以分为跨市套利、跨月套利、跨品种套利等。期货投资风险很高，一般家庭资产配置不采用这种形式。

9.6 购买和投资房产

"安得广厦千万间，大庇天下寒士俱欢颜"，这是唐代大诗人杜甫的梦想。在现代，这也是很多家庭的梦想。千百年来，人们希望拥有房产的理念一直都没有改变。

但是，高高在上的房价却不知道阻断了多少人"居住"的梦想。现在国家在调控房地产，但房价仍然高不可攀。房地产业未来的路会走向何方，谁也不知道。

对于很多人来说，购买住房也许只是为了自己居住所需。但在人的一生中，拥有一套房产也是可以保值增值的。房产也是一种商品，只不过它与其他理财产品不同，它是不动产。不管在什么时候，房产都是人们的必需品，也就是说，它有投资理财的功能。

尽管现在房产的走势很不明朗，但如果把握得好的话，购买房产仍是一个不错的选择。

当然，投资房产并不是单纯地购买房产，以租养贷、以旧翻新、以租养租、以房换房也算是房产投资的形式。

所谓以租养贷，就是家庭在按揭购买房屋后支付完首付，家庭等待房屋交付，然后将这个房屋租出去，用租金的收入来支付每月的房贷。如今，房租的上涨已是不争的事实，以租养贷在一定程度上来讲也是一种不错的理财方式。它比较适合于那些手上有着大笔资金但未来的预期收入不是很稳定的家庭。

以旧翻新指的是对旧房进行改造，从而提高房屋的附加值，在改造完成以后，再将这套住房出租或出售。以租养租则是长期租下一些低价的商铺或楼宇，再以比自租价更高的租金租出去，赚取租金的差价。而以房换房则是指投资者看中了一套比较有潜力的房产，在别人还没有意识到之前和别人进行房屋的交换，等到时机成熟，再将换来的这套房产出租或出售。

当然，最大众的房产投资方式还是购买房产，以保障资产的保值增值，它比较适合于那些手上有富余资金的家庭。在进行这样的房产投资前，房产的地理位置是必须要考虑的因素。

现在的房价基本上都是根据地理位置和楼层决定的，好地段的房子不出则已，一出则火爆异常。在房产的地理位置上，交通方便、环境良好、周边设施齐备、符合居住潮流是最重要的因素。如果这几点都具备，这个房产就有了升值的潜力。

房产的类型很多，有商品房、安居房、廉租房、别墅、高级公寓、小康住宅等。如果是投资房产，还需要选择合适的投资品种。不同的房产类型有不同的消费人群，但并非每种房产都有投资的价值。从长期投资的角度来看，那些比较成熟且管理到位的房产，客户群才是最稳定的。

另外，也要把握好房产买卖的时机。一般来讲，房产开发期、通货膨胀前、经济萧条时期是较好的房产买入时期。而卖出房产时最好选择房产价格波动的最高峰，它一般处于经济高涨时期、通货膨胀时期等阶段。如果投资者手中的房产已经高过了自己之前预设的最高值，就应该果断将其卖掉。

房产作为投资产品，也是有风险的。房产投资成本高、周期长、市场竞争也不充分，同时还有政府政策调控的压力，另外也容易受到自然灾害的侵袭，因此投资者在投资时也要多方衡量，做好各种可行性分析。选择最有发展前景的项目进行投资，才能达到自己想要的效果。

本节小结

本节主要介绍购买和投资房产。购房升值、以租养贷、以旧翻新、以租养租、以房换房都是房产投资的形式。但房产投资成本高、周期长、市场竞争也不充分，同时还有政府政策调控的压力，另外也容易受到自然灾害的侵袭。因此，投资者在投资时要多方衡量，做好各种可行性分析。

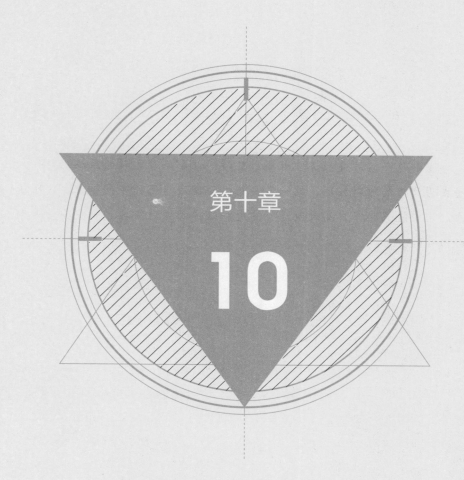

第十章

10

成为客户眼中优秀的理财经理

理财是一门涉及经济、财务、数学、社会等多学科的系统化学问。想成为优秀的理财经理，就一定要想办法提高自己的专业知识、实践能力，还要能够和客户高效地进行沟通。这样的理财经理才能成为客户家庭的首选。

案例引入

小郭是一名优秀的理财经理，持有国际金融理财师（CFP）证书，有十多年的家庭资产配置经验。

他每天早晨都会学习各种理财产品，就算是已经了如指掌的产品，他也会至少花一刻钟来回顾学习，以保证向客户提供的信息都是准确及时的。

他不仅熟悉产品，对于国内外的经济状况、理财环境、各产品的价格趋势也都密切关注。在此基础上，他还每天抽出时间来仔细阅读各大财经网站的头条新闻，以从中找到对客户有用的信息。

另外，他对客户也是一丝不苟，每天都会查看客户有没有产品到期，遇到重大的市场变化他也会及时通知客户。对客户的生日等特殊时间他更是记得清清楚楚，会准时送上礼物和祝福。

10.1 理财经理"理"什么

　　理财经理的主要业务并非是从销售投资理财产品中获取佣金，而是帮助客户实现他们的生活、财务目标。**理财经理是金融机构和客户家庭之间的纽带，需要运用专业知识向客户提供专业的帮助，通过规范的投资理财服务过程来实施对客户的理财建议，从而避免客户的投资资产受到侵害，并实现客户资产的增值。**

　　理财经理直接面对客户，向客户家庭提供服务的基本流程可以归结为以下几步：分析客户的理财需求→明确客户的理财目标→为客户制订理财方案→检视为客户制订的投资组合。

　　从一个家庭决定进行金融投资开始，理财经理参与进来的每一步都关乎客户家庭的投资收益与安全，也会对投资结果产生决定性的影响。在上述流程之中，理财经理应该熟练地运用专业的工具，对市场进行多方的预判，对客户家庭的实际情况深入了解，从而做出让客户家庭最满意的投资组合方案。

　　理财经理是专业人士，如果家庭投资没有理财经理的介入，就会很容易迷失在投资理财的大旋涡里不知所措，或者是盲目跟风、乱投资，最后既损失了金钱也浪费了精力。如仅公募基金一项，市场上就有1500多种公募基金产品，如此众多的产品仅靠客户家庭自己去挑选无疑等于"大海捞针"。而理财经理则不同，理财经理专业经营于投资理财市场，对市场和产品有着基本的判断，比客户家庭有着更多的时间和精力，以及更专业的眼光。理财经理的价值就是帮助客户答疑解惑、提供现实可行的理财方案、步步为营地缩短客户与理财目标之间的距离。

有一个困扰理财经理的问题，那就是理财经理有长期投资的规划，而客户家庭却坚持把重点放在短期收益。在客户的压力下，有的理财经理会把大部分时间用在追求短期收益这项困难重重的工作上，但结果却少有成就。实际上，如果不能承受高于正常水准的市场风险，想要持续达到高出股票市场的绩效，即使高出半个百分点也很难。因此，没有多少理财经理能达到这一短期目标。

理财经理对客户可以用心的地方就是确立明确的投资政策，为客户提供全程化的服务。这才是真正重要却不很困难的工作。

理财经理为客户提供的全程化服务，贯穿于上面我们讲到的几个流程。无论哪一个环节遇到了什么困难，理财经理都应该为客户提出合理的解决方案。优秀的理财经理总是会和客户发展出长期的关系，只要客户有投资方面的问题要和你讨论，你都可以随时出现在他的面前，并在第一时间给出让他满意的答案。如果客户对理财经理推荐的产品感兴趣，想要得到理财经理的帮助，却发现理财经理总是"避而不见"，这样的理财经理永远是不合格的。

理财经理帮助客户的第一步是从分析客户的理财需求出发的。通过分析客户的理财需求，可以细化出客户的理财目标。在这个过程中可能会有很多家庭只会大致描绘出自己的愿望，如"我想为孩子准备足够的出国留学经费""我想在退休后过上安稳富足的生活"等，这些客户的目标没有量化，不能成为理财目标制订的参考依据。理财经理要在了解客户家庭愿望的基础上，进一步根据他们的实际情况帮他们理出一个更加清晰可行的目标来。

从一个人的人生周期来看，理财经理还要根据客户所处的人生阶段帮助客户理出他们的一些潜在需求，如教育、医疗、住房等。这其中的每一项，理财经理都应做出具体的资金预算，并和家庭的情况进行比对，得出他们的资金缺口。同时，理财经理要向客户明确他们的投资需求，如投资区间、投资金额、期望的年化报酬率等。

客户家庭的风险承受能力是绝不可忽略的一环。在实际的投资理财中，投资人对风险的概念应该是比较淡薄的，有的人过于相信自己的判断，有的人又过于保守，结果前者出现失误后家庭财务陷入困境，后者却摸不到投资盈利的"尾巴"。因此，理财经理需要运用专业的风险测评系统来和客户进行真诚的交流，准确地评估出客户的风险承受能力。

如果理财经理帮助客户明确了他们的理财目标，那这时理财经理就要为客户制定出专属于他们的理财方案了。这时，理财经理要最终形成一份格式规范、内容详尽，同时还兼具可行性的合理的理财规划书。当然，理财方案应该是资产配置的形式，如选择哪些大类资产、大类资产占多大比重、投资的金额是多少等。

在这个过程中，理财经理要凭借自己的专业知识，通俗易懂地给客户讲解相关知识。而且，这个方案也不是理财经理自己单边规划出来的，一定要和客户做好有效的沟通，要让客户全程参与，每一个环节都要让客户清晰明白，不仅要让客户知其然，还要让其知其所以然。

如，理财经理在将一只基金写入理财规划书时，就应该带领客户从基金分析入手，说明选择这只基金的原因，并对这只基金未来的市场情况做出理性的分析。同时将这只基金与其他基金做出比较，让客户明白为什么它是适合的，其他基金又有什么样的缺憾。此外，还要说明它在不同情况下的风险收益情况，最终与客户一起制订这只基金的投资方式。

资产配置结束后，就到了定期检视的流程阶段。理财经理要根据市场的变化情况，持续对客户的资产配置进行跟踪检视，如果出现异常情况要及时通知客户。如果需要进行相应的调整，也要和客户一起进行。如，如果原先的资产配置中有 60% 的资金用于购买股票，30% 的资金用于购买债券，10% 的资金用于购买货币市场基金，但是在配置之后市场行情转好，股票迎来了牛市，于是在原来的资产组合中，股票的占比达到了 85%，债券 15%，货币市场基金 5%。为了平衡风险，理财经理这时就可能需要和投资家庭一起商讨继续持有股票的利弊，并且做出抛售部分股票维持原有投资比例的建议。

随着家庭所处阶段的变化，各个家庭的投资情况也需要发生变化。理财经理应该根据家庭所处的阶段和实际情况预先提出新的理财规划方案，甚至要在客户还没有意识到或将要发生改变时就主动把这些方案呈现出来，做到未雨绸缪。此外，理财经理还应定期和客户进行沟通，了解客户的情绪、生活、需求等，以做出更加细致周到的服务。

本节小结

本节主要介绍理财经理理什么。理财经理的目的不应该是获得佣金，而是帮助客户实现理财目标。从这个角度出发，理财经理必须拥有专业的知识，而且要和客户充分沟通。

10.2 理财经理优秀与否的判定标准

判断理财经理是否优秀，其评价指标一般包括基本的专业水平、服务能力，以及经过时间检验他做出的资产配置组合是否有效等多个层面。

理财经理的工作需要经常与客户进行沟通交流，外向、交际能力好是起码的要求。同时，理财经理也需要有过硬的心理素质。理财经理的工作性质决定了他可能会经常受到客户的埋怨，也会面临剧烈震荡的市场环境。在这种情况下，理财经理既要能承受客户投诉带来的心理压力，也要在面对市场波动时心如止水，做到冷静分析。

在道德层面，理财经理必须要在所在环节优先为客户考虑。对于客户来讲，一个专业能力不够的理财经理还未必会给客户带来损失，但一名道德有亏的理财经理则绝对会给客户带来不小的损失。出色的理财经理从来不会千篇一律地推荐佣金最高的产品，也不会代替客户投资操盘，他们会耐心地倾听客户的意愿，仔细地和客户一起规划，找到最好的切入点，做出最好的方案。

理财经理是一个需要较深理论功底的岗位。理财经理的从业背景在社会上是有一些资格认证的证书来衡量的。如银行的理财经理就有这样一些具有含金量的证书标准：中国银行业协会颁发的"中国银行业个人理财从业人员资格"认证、国家劳动和社会保障部颁发的"理财规划师国家职业资格（CHFP）"认证、中国金融理财标准委员会颁发的"金融理财师（AFP）"和"国际金融理财师（CFP）"认证、美国注册金融分析师学院颁发的"注册金融分析师（CFA）"认证、美国金融管理学会颁发的"特许财富管理师（CWM）"认证、国际注册财务策划师协会颁发的"国际注册财务策划师（RFP）"认证。

在这些证书里，金融理财师、国际金融理财师、注册金融分析师是比较具有含金量的资格认证，这些资格证书可以作为衡量一个理财经理是否出色的标志。中国金融理财标准委员会规定，要获得上述的资格证书，需要达到指定的相关教育、考试、从业经验和职业道德标准才行。如注册金融分析师就需要理财经理经过三年时间的学习，其中要通过三个级别，每次时间为六个小时的考试，这些考试都是通过英语进行的，内容包括证券分析、企业财务、定量分析、经济学、投资组合分析等。

当然，没有相应资格证书的理财经理也不一定就不出色，实际上，任何专业背景的人都可以成为理财经理。有位花旗银行的优秀理财经理在从业前是一名警察，他的这项经历还在他与客户进行沟通的过程中给他提供过不少帮助。一般来讲，理财经理在上岗之前都会经过很多业务培训，有的金融机构也要求考取各种资格证书，"非专业型"的理财经理只要平时多注意学习，很快就会补上自己的专业知识的。

仅有理论知识还是不够的，出色的理财经理还要有出色的实践能力。在为客户制订资产配置方案的时候，优秀的理财经理能为家庭制作财务报表和制订预算，能够分析金融市场投资环境，能熟练使用各种金融投资工具，具备分析投资组合表现的能力，掌握我国的税务制度和个人所得税的筹划，拥有合理避税的能力，能够综合评估各种投资理财产品，具备从成本效益的角度来选择投资理财产品的能力，能综合制订客户的居住规划、投资计划、教育金规划、养老金规划、保险规划等。

理财经理要能为投资者提供一个完整的服务周期，不可半途而废，也不可缺斤少两。优秀的理财经理要在任何时候都为客户提供满意的服务，而且制订的资产配置及调整方案也能经得起时间的检验，能让客户看到实实在在的收益。

理财经理要为客户提供的是标准化、规范化、专业化的服务，还要能够根据客户的情况灵活地进行变通，在多样化的需求中，依旧能够游刃有余地提供有效的解决方案。**如果一名理财经理能让不同的客户都觉得满意，那他就一定是理财经理中的佼佼者了。**

本节小结

本节主要介绍理财经理的素质要求。交际能力是最起码的需求；其次在道德上，理财经理要为客户考虑；再次理财经理要有专业的理论基础；最后就是要有出色的实践能力。

10.3 怎样让客户找到你

客户不分高低贵贱，只要是愿意和理财经理谈理财的客户都是有需求的，都需要理财经理认真对待。

通常，理财经理都是工作在各种金融机构中，如银行、第三方理财机构、保险和券商等。银行理财经理工作于银行的各网点，而银行具有网点多、理财支付结算方便、品牌竞争力强、产品丰富等特点，可以说银行理财经理是最具有群众基础的一种。除了银行的分行和各支行网点，银行理财经理还可能服务于银行的私人银行部。

银行网点的理财经理一般是最"亲民"的，他们接触的人员也很多。但是，理财经理不能只是坐在大堂等待客户上门，重点还是要主动出击，唯有这样，客户才能真正地找到你，并希望你能为他们提供全程化的服务。

现在，理财经理的客户多来源于客户介绍，如某位理财经理做得不错，他就可能在客户间形成较好的口碑，从而由老客户带来一部分新客户。

在客户介绍之外，理财经理还有很多方法可以让客户找到你。

制造与客户接触的机会

通常，银行的一些活动或优势产品都可以吸引到客户，如银行举办的画展、高尔夫球赛、音乐会等都能吸引到一些客户，而且这些客户有这样

239

的雅兴，也必然具备不错的经济基础。理财经理在这样的活动中就应该多与嘉宾们进行沟通，主动发掘一些潜在的客户。

用好的产品吸引客户

如果理财经理所在的金融机构拥有一些非常不错的产品，甚至是别的金融机构无法比拟的，理财经理就可以以这些产品为招牌，将一些对这些产品有兴趣的客户吸引过来。

情感营销，建立信任

情感营销是理财经理工作中较为重要的一环。理财经理与客户间最核心的价值就是信任。信任的产生不仅仅是因为理财经理的专业，也是因为理财经理能够与客户间进行情感互通。有时候，理财经理对客户一个小小的关心就可能让客户深受感动，给理财经理带来意想不到的效果。

建立良好的第一印象

理财经理在向客户介绍自己时，自信是必需的，要避免说"不能""有可能""好像"等不确定的词语，说话应该语气坚定、肯定，多微笑，在第一次见面时就取得客户的好感。第一印象的重要性在心理学上被称为是"首因效应"，它会形成较强的心理定式，从而对以后的信息进行指导。所以，如果理财经理一开始就给客户留下一个礼貌谦恭的印象，再配以优雅的谈吐，就必然会给客户带来更好的感觉。

如果理财经理在说完自己的看法以后并没有引起客户的兴趣，这时就最好不要询问客户是否有兴趣或是假设，而是把重点落在产品上面，如可以告诉对方这个产品会带给他什么样的好处。

除上述方式以外，行业研讨会、展销会、网络搜索、上门搜寻也是理财经理寻找客户资源的一种途径。

银行的私人银行部中的理财经理一般服务的是资金实力雄厚，期望获得专属的、定制化服务的人群，就更应该讲究上面的策略，同时要将客户目标范围缩小，通过一些专业对口的渠道去挖掘潜在的客户。

从银行理财经理服务的水平来说，其实各个银行间都存在着一定的差异。以前，很多银行的理财经理都是在"卖产品"，而现在可能更多的是在"卖服务""卖方案"。随着时代的发展，理财经理的营销观念也应该有所改变，以前那种"卖产品"的状态容易遭到客户的抵触，要变革求新，从代销产品的传统通道服务向增值服务转型才更容易得到客户的认可。相对来讲，那些服务领先、提供顾问式理财服务的理财机构会更容易受到客户的青睐。

倡导顾问式理财服务的理财机构旗下的理财经理在服务的过程中，与之前"卖产品"营销模式的最大区别就是，这种服务需要理财经理投入足够的时间和精力，去真正了解客户的需求和痛点，并且帮助客户界定需求和解决方案，甚至在客户自己都还没有意识到之前就帮助客户完成意向方案。这时候，由于理财经理主要针对的是客户的需求、问题和目标，因此他能帮助客户正确地识别需求、解决问题、满足期望，客户当然也更愿意抽出时间来倾听。

本节小结

本节主要介绍怎样让客户主动找到你这个理财经理。主要介绍了以下四种方法：制造与客户接触的机会，用好产品吸引客户，依靠情感营销建立信任，建立良好的第一印象。

10.4　与客户进行高效沟通

在各种金融机构中，理财经理充当的更多的是销售经理的角色。在顾问式的理财服务中，理财经理要向客户提供"望、闻、问、切"等全方位的服务，以便给客户诊断他们的理财需求，然后对症下药向他们提供适合的解决方案。在这个过程中，"闻"和"问"可谓是最关键的环节，需要理财经理和客户进行高效的沟通，以保证后面资产配置的准确性、完整性和合理性。

理财经理与客户主要的交流沟通方式有当面沟通、书面沟通和电话沟通。通常来讲，用任何一种沟通方式之前，理财经理都要做好必要的准备工作。当面沟通前要准备合适的资料，书面沟通前要将发送的信息编辑好。

当面沟通和电话沟通都需要理财经理要有自信的态度、饱满的热情和诚恳的心态，还要有对客户的关爱之情。在沟通的时候，理财经理要注意用合适的语音语调来感染客户，并能激发客户正面的情绪。在电话沟通的过程中，如果理财经理觉得自己的状态还不是最好，可以用深呼吸、自我鼓励、自我暗示等方式来调节，如在心里不断地跟自己说"我是最棒的"，适度的蹲立和站起等也能起到较好的效果。

同时，每一次沟通前，理财经理都应该对沟通的内容有充分的设想，对于不容易记住的内容最好在笔记本上勾勒出需要沟通的要点。对于简单一些的内容可以打好腹稿，以保证在沟通的过程中不丢要点。

在沟通的过程中，理财经理如果想要成为一个健谈者，就一定要注意倾听。要让客户对你感兴趣，你首先要对客户感兴趣。而让客户对你感兴趣的要诀就是：放下自己心中不吐不快的冲动，专心回答客户喜欢的问题，鼓励客户谈论或叙述他们的观点。

同时，理财经理保持微笑也很重要。美国著名成功学大师卡耐基就曾说："微笑，它不花费什么，但却创造了许多成果，给人留下了永恒的记忆。"英国著名诗人雪莱也说："微笑，实在是仁爱的象征、快乐的源泉、亲近别人的媒介。有了笑，人类的感情就沟通了。"

见面交换名片以后，理财经理可以不用立即转入正题，可以先寒暄一些其他事情，或者是对客户说一些赞美的话，以此来拉近双方的距离，营造一种宽松和谐的沟通氛围。

对话开启以后，理财经理要有意识地做到让客户有继续往下聊的意愿。这里有一种"倒金字塔沟通法"可以作为参考。"倒金字塔沟通法"简单来说就是先把结论表达出来，而将次要的内容放在后面，就像我们在看报时，通常第一眼都会去看标题，然后才是导言、内容，在第一时间说出结论，不但可以克服自己的紧张情绪，也能提高成功说服客户的概率。

电话沟通时，由于时间有限，理财经理说话要言简意赅、信息准确，最重要的一点是要防止歧义。理财经理这时就需要对客户的谈话进行必要的确认，如"我明白了，您是说……""因此，您认为……"，使采集的信息真实有效。

当然，提问是必需的。在理财方案的制订中，有很多内容都是需要客户提供的，理财经理需要知晓客户的年龄、职业、家庭各方面的信息，还要评估客户家庭的风险承受能力，这些都需要理财经理通过提问的方式来获得。

但是，提问并不简单，表达同样的意思，想要达到同样的目的，用不同的问话形式说出来效果也会有所不同。举个简单的例子，如果你问别人"你很喜欢他吗？""你很讨厌他吗？"这样的话，就不如问"你对他印象怎么样？"的效果更好。之所以会出现效果上的诸多反差，就在于提问方式是不是恰当、对方是不是乐于接受、谈话是否在轻松愉快的氛围中进行。提问者问得越谦恭，得到的回答就会越接近自己心里的预设；如果提问者问得没礼貌，得到的回答就会大打折扣。

有的客户在沟通的过程中，可能会对某些信息有所保留或是言不符实。出现这种情况，可能就是客户还没有对理财经理建立起信任，或者是担心信息被泄漏，而这种不真诚的沟通是很容易对后面的投资理财决策造成影响的。面对这样的客户，理财经理一定要充分保持自己的耐心，既要让客户有台阶下，又要在谈话的过程中多用一些建议性的语言，并且将其中的利害关系讲清楚，以期将客户最真实的情况挖掘出来。

总的来说，理财经理如不能与客户有效沟通，就可能在制订方案时出现程度不等的偏差，给客户的投资造成不同程度的损失或风险，让客户失去寻求理财服务的意义，也给自己的信誉造成影响，从而失去了理财服务的意义。因此，理财经理必须要多学习、多实践，掌握高效沟通的方法，不仅要获得最真实的信息，也要与客户保持长期的友谊关系。

本节小结

本节主要介绍理财经理如何与客户进行高效的沟通。理财经理为了让客户投资获得收益，与客户充分沟通是很有必要的。理财经理与客户主要的交流沟通方式有当面沟通、书面沟通和电话沟通这几种形式。要注意沟通时的礼仪以及谈话记录，与客户保持长期的友谊也十分重要。